QUILO DE CIENCIA

VOLUMEN XIII

(2020)

JORGE LABORDA

QUILO DE CIENCIA
VOLUMEN XIII
(2020)

Artículos de divulgación científica lo más informativos
comprensibles y divertidos que un soñador pudo crear

TÍTULO:
Quilo de Ciencia Volumen XIII (2020)

AUTOR:
Jorge Laborda

© Jorge Laborda Fernández, 2020

EDICIÓN Y COORDINACIÓN:
Jorge Laborda

MAQUETACIÓN:
Jorge Laborda

PORTADA:
Jorge Laborda

IMPRESIÓN:
Lulu

ISBN: 978-1-716-26592-1

Para Rosa

ÍNDICE

Inteligencia artificial e historia de la literatura 1

Arácnidos microscópicos en tu pelo 5

¿Para cuándo la descarbonización de la humanidad? 9

Evolución del altruismo y egoísmo entre padres e hijos 13

Cerebro exterminador 17

Camuflaje iridiscente 21

Defensa por la espalda 25

Diferenciación darwiniana 29

Más conflicto que amor 33

Calentamiento Global y una de gambas ruidosas 37

Un refrán refrendado por la ciencia 41

¿Existen diferencias de personalidad entre los sexos? 45

¿Puede afirmarse que el coronavirus no es un producto humano? 49

Reajustando la fiebre del sábado noche (y del resto de los días). 53

¿Puede Facebook predecir tu estado de salud? 57

Anticuerpos y el coronavirus SARS-CoV-2 61

Tiempos de cálida Antártida 65

Trayectoria de colisión 69

¿Es el Parkinson una enfermedad autoinmune? 73

Retroevolución de los coronavirus 77

Deslizamiento de datos 81

Amenazas sanitarias y normas sociales 85

El florido mordisco del abejorro 89

¿Qué sucedió antes, la Gran Glaciación o la Gran Oxidación? 93

Guerra latente en el océano 97

Agujeros de ozono y extinciones masivas 101

Como venceremos al coronavirus 105

Un nuevo tipo de linfocito antialérgico 109

Un poco de oxígeno para la evolución 113

Vida en la galaxia: mejor, imposible 117

El increíble piojo sumergible 121

¿Pandemias desde el espacio exterior? 125

La covid-19 nos revela una nueva inmunodeficiencia 129

Engranajes de muerte y de vida 133

El origen de los valles de Marte 137

Nuevos fármacos inmunológicamente antitumorales 141

UNA PROTEÍNA DEL CORAZÓN A LA SALIVA.. 145

MANBAT Y EL CORONAVIRUS.. 149

UN FRENO PARA GENES CON IMPULSO 153

CÉLULAS QUE MANTIENEN SANA A LA PIEL MÁS SUCIA 157

UN TROZO DE GEN DETERMINA EL SEXO... 161

OBESIDAD, MEMORIA Y FLORA INTESTINAL 165

COVID-19: UN COMPLEMENTO HACIA LA VIDA... 169

COVID-19 Y LAS INTERLEUCINAS DE DUBLÍN Y BOSTON 173

EL SABOR DE LO QUE EL PULPO PALPA... 177

ANTICUERPOS Y VACUNAS: LA FUERZA DE LA MEMORIA 181

LA GENÓMICA SE HACE CÓSMICA... 185

NEURONAS DE VALOR ECONÓMICO.. 189

UNA EPIDEMIA MÁS, ESTA VEZ SILENCIOSA... 193

UNA MEDICINA MÁS EXACTA CONTRA EL CÁNCER 197

EL MISTERIOSO GEN QUE CAUSA CÁNCER O DEGENERACIÓN NEURONAL ... 201

MARAVILLAS CELULARES Y DESEOS PARA 2021... 205

INTELIGENCIA ARTIFICIAL E HISTORIA DE LA LITERATURA

Como todas las semanas, antes de embarcarme en la aventura de escribir un artículo, suelo explorar algunos de los avances que la ciencia ha producido, y que suelen dejarme estupefacto. Por ejemplo, científicos del Instituto Tecnológico de Massachusetts describen nuevos circuitos basados en nanofilms con los que se podrían construir ordenadores que procesarían la información mediante la manipulación de ondas magnéticas causadas por el spin electrónico.

Otros científicos han sido capaces de conseguir las temperaturas más bajas del universo, de tan solo unos nanogrados Kelvin, es decir, unas mil millonésimas de grado por encima del cero absoluto (valor que solo es alcanzado por algunos escasos estudiantes tras hacer un examen). Esta bajísima temperatura, conseguida mediante el procedimiento de frenar el movimiento de las moléculas con rayos láser, permite estudiar ahora el proceso de la reacción química entre dos moléculas para dar lugar a una tercera con una precisión nunca conseguida. Consideremos que a temperatura ambiente las moléculas pueden reaccionar en tiempos de solo femtosegundos. Caben mil billones, sí billones, de femtosegundos en un solo segundo. A esas velocidades, no puede estudiarse con precisión cómo los átomos interaccionan entre sí. Con esta nueva tecnología esto ya es posible, lo que permitirá idear nuevos métodos para producir moléculas consideradas hoy imposibles. Recordemos que todo lo que vemos y tocamos está hecho por moléculas. Nosotros también.

Sin embargo, el área que creo aporta más avances esta semana es la de computación e inteligencia artificial. Por ejemplo, científicos de la Universidad Carnegie Mellon desarrollan un algoritmo de inteligencia artificial que navega a través de una enormidad de datos genéticos para revelar si existe o no alguna

1

anomalía en el funcionamiento de uno o varios genes concretos, lo que podría indicar la existencia de procesos celulares anómalos, o procesos adaptativos aún insospechados.

Otros investigadores desarrollan un algoritmo de inteligencia artificial capaz de ayudar en el tratamiento de pacientes con traumatismo cerebral severo. El algoritmo analiza cientos de datos médicos obtenidos de los pacientes, que se encuentran obviamente en estado de inconsciencia o incluso en coma, para determinar cuál es su condición médica real con mayor exactitud que los procedimientos actuales, y poder así ayudar a determinar el mejor tratamiento.

Aún otros investigadores desarrollan un nuevo método para analizar qué sucede en las profundidades de las redes neuronales de la inteligencia artificial. El método avanza hacia el objetivo de poder comprender un día cómo y por qué estas evolucionan durante su aprendizaje para alcanzar sus impresionantes capacidades de decisión y discriminación de la información.

¿MOLIÈRE Y CORNEILLE O SOLO CORNEILLE?

No obstante, sin duda, el avance que más me ha interesado esta semana, que pertenece también al área de la inteligencia artificial, es el desarrollo de un nuevo procedimiento computacional para dirimir la todavía debatida cuestión de si el gran escritor francés Jean-Baptiste Poquelin, más conocido como Molière, autor tal vez de las obras de teatro más inmortales de la literatura francesa y universal, como el Avaro, Tartufo, o El médico a palos, escribió realmente sus obras o si fue su coetáneo Pierre Corneille quien realmente lo hizo. El debate de la autoría de las obras de Molière es viejo de más de un siglo. La razón es que, de acuerdo con la biografía confirmada de Moliere, este pasó su juventud viajando como actor teatral, y solo comenzaría repentinamente a escribir sus geniales obras a partir de los 40 años. Por si esto fuera poco, los estudiosos del tema jamás han encontrado un manuscrito original firmado por Molière.

A principios del año 2004, ya publiqué un artículo en el que describía el empleo de un método computacional para intentar dirimir esta importante cuestión de la historia de la literatura. El método intentaba analizar las palabras de los textos atribuidos a Corneille y a Molière en busca de similitudes y diferencias en la frecuencia y tipo de palabras usadas por ambos. Las diferencias entre dos escritores para explicar o intentar transmitir las mismas ideas o emociones forman parte del estilo literario de cada autor, que es individual e intransferible. Si dos textos diferentes atribuidos a dos autores distintos muestran, sin embargo, idéntica frecuencia de uso de ciertas palabras, así como el empleo de unas palabras con preferencia a otras con similar significado, eso sería una fuerte indicación de que ambos textos fueron escritos por la misma persona.

El estudio computacional realizado en 2004 apoyó la idea de que, en efecto, Molière no había escrito ninguna de las obras que se le atribuían y que era Corneille quien lo había hecho. Este habría accedido a dejar figurar como autor de sus escritos al famoso actor en un intento de difundir sus obras más de lo que lo habría podido conseguir sin ser ayudado para ello por Molière.

Sin embargo, los métodos computacionales empleados en 2004, la ya lejana era de principios de siglo XXI anterior a la Gran Crisis, pertenecen, podríamos decir, a la Edad Media de las Ciencias de la Información. Los métodos informáticos de la actualidad son más avanzados y potentes, y emplean muy superiores estrategias de análisis de la información.

Utilizando estos nuevos métodos, un grupo de científicos ha podido determinar que en ningún caso el sofisticado sistema informático que desarrollan clasifica un texto atribuido a Molière como escrito por Corneille, o viceversa De acuerdo con este análisis los dos textos son de naturaleza diferente, de estilo particular, y escritos en efecto por dos autores distintos. Este resultado es validado analizando textos de otros diez autores de la época para los que no existe duda sobre la autoría de sus textos.

Así que ya ves, Molière escribió sus obras y Corneille las suyas, y la ciencia sigue su avance corrigiéndose a sí misma a medida que progresa. Este es el inconfundible estilo de la ciencia y los científicos; el que nos ha conducido hasta el mundo en el que hoy tenemos el privilegio de vivir.

Referencias:
(1) Florian Cafiero and Jean-Baptiste Camps (2019). Why Molière most likely did write his plays. *Science Advances* 27 Nov 2019: Vol. 5, no. 11, DOI: 10.1126/sciadv.aax5489.
https://advances.sciencemag.org/content/5/11/eaax5489
(2) https://jorlab.blogspot.com/2004/01/ciencias-en-letras.html

Jorge Laborda, 5 de enero de 2020

Arácnidos microscópicos en tu pelo

En la película aracnofobia, estrenada en 1990, una pequeña comunidad de los Estados Unidos debe hacer frente a una horrible plaga generada por una extraña araña, de especie desconocida, accidentalmente importada de Venezuela. La araña carece de órganos sexuales, por lo que el investigador que la ha descubierto concluye que su especie se reproduce como las abejas o las hormigas, gracias a una reina. A pesar de esto, haciendo caso omiso de todas las leyes de la Biología y de la ciencia en general, como suele suceder en tantas películas, la araña venezolana copula con una araña local y genera una especie híbrida que sí tiene órganos sexuales y se reproduce a gran velocidad. El protagonista (Jeff Daniels), que sufre de una dudosa patología mental caracterizada por un irracional miedo a las arañas, llamada aracnofobia, debe… no sigo que, si no, hago un *spoiler*.

Esta introducción cinematográfica viene al caso del tema del que quiero hablar hoy. Se trata de algo nuevo que he aprendido y que hace algo más pequeña mi gran ignorancia. Y es que el otro día me topé con el sorprendente hecho de que todos nosotros tenemos en nuestra piel, en concreto dentro de nuestros folículos pilosos, un número variable de unos minúsculos arácnidos. Estos arácnidos han recibido el nombre de ácaros del rostro, aunque, como viven por todo el cuerpo, bien podrían llamarse ácaros de la piel. Su nombre científico es *Demodex folliculorum*. Quien sufra de aracnofobia, o de ácarofobia, que no siga leyendo.

Aclaremos de inmediato que estos ácaros no parecen generar enfermedades en la inmensa mayoría de nosotros. No son como el arador de la sarna, un ácaro parásito. Los ácaros *D. folliculorum* son organismos comensales que se alimentan de las secreciones de la piel, en particular del sebo piloso y de células muertas, pero que no causan por ello enfermedad ni perjuicio aparente a nuestro organismo, salvo que se reproduzcan en exceso gracias a condiciones higiénicas muy deficientes.

Demodex folliculorum es un animal realmente pequeño, ya que su cuerpo entero solo mide de 0,3 a 0,4 mm, es decir, tiene apenas el tamaño para poder ser distinguido a simple vista como un minúsculo grano de polvo, aunque sin una buena lupa, al menos, no podremos distinguir sus características corporales. Estas incluyen una pequeña cabeza seguida de cuatro pares de cortas patas y de un alargado abdomen. En conjunto, *D. folliculorum* parece un pequeño palito con ocho patas, una forma muy conveniente para vivir en los folículos pilosos. De hecho, estos animalillos introducen la cabeza dentro del folículo piloso, cerca de la glándula sebácea de cuyas secreciones pueden alimentarse. De este modo, el final de su abdomen puede asomar por la superficie del folículo. Los folículos infestados suelen contener de dos a seis ejemplares de estas simpáticas criaturillas, de las que desconozco por qué razón Noé las introdujo también en su Arca, aunque probablemente se le colaran inadvertidamente, ya que posiblemente habitaban, desde bien antes del diluvio, los folículos pilosos de su poblada, y no muy limpia, barba.

Las hembras depositan en el folículo unos 25 huevos, de los que surgen larvas que se aferran al pelo mientras crecen y se desarrollan. Una vez alcanzan el estado adulto, abandonan el hogar materno en busca de otro folículo piloso en el que asentarse y reproducirse. Este viaje lo realizan en general por la noche, a una velocidad de entre 8 y 16 milímetros por hora. Aunque tiene ocho, sus cortas patas no dan para más.

MÁS INVESTIGACIÓN

Demodex folliculorum fue descubierto en 1841. Años más tarde, se descubrió lo que inicialmente se pensó era una subespecie de este animal. Hubo que esperar hasta 1973 para que la comunidad científica concluyera que se trataba de otra especie de ácaro que también habitaba en nuestro pelo. Esta especie se denominó *Demodex brevis*, porque es aún más pequeña que la anterior.

A pesar de que *D. folliculorum* y *D. brevis* nos han acompañado a lo largo de toda nuestra evolución y de que se conoce su existencia desde hace más de 150 años, no se ha investigado lo suficiente sobre la biología de estos animalitos. Afortunadamente, esto está cambiando. Un estudio reciente ha logrado comparar las diferencias en la actividad de los genes entre las dos especies de ácaros, lo que puede ayudar a comprender mejor su relación comensal con nosotros y qué sucede cuando esa relación se deteriora y se generan reacciones inflamatorias contra ellos, que conducen a enfermedades de la piel.

Otro importante estudio publicado recientemente describe el desarrollo de métodos fiables para extraer de los folículos pilosos a los ácaros y analizarlos fuera de la piel. Estos métodos incluyen cómo disolver su caparazón para analizar su interior por técnicas moleculares que, de otro modo, no pueden ser empleadas al impedir el caparazón que moléculas, como los anticuerpos, penetren en los tejidos. Estos métodos, puestos a disposición de la comunidad científica, prometen facilitar la investigación sobre estos ácaros. Sin embargo, no se ha conseguido aún el avance que más facilitaría la investigación sobre estas especies de animales, como sería el ser capaces de criarlos fuera de los folículos pilosos para generarlos así a voluntad y poder investigarlos sin necesidad de tener que extraerlos de personas infestadas. Tampoco se ha logrado todavía secuenciar los genomas de estas dos especies de ácaros comensales, lo que también aportaría valiosa información sobre ellos y permitiría tal vez facilitar el desarrollo de métodos farmacológicos para erradicarlos cuando esto fuera necesario. No obstante, no nos sorprenderemos demasiado cuando estos objetivos sean conseguidos, porque la ciencia es una de las actividades más tenaces que los seres humanos hayan desarrollado jamás.

Referencias:
(1) Clanner-Engelshofen BM et al. (2019). Methods for extraction and ex-vivo experimentation with the most complex human commensal, *Demodex spp. Exp Appl Acarol*. 2019 Dec 13. doi: 10.1007/s10493-019-00450-9. (2). Hu L. et al (2019). De novo transcriptome sequencing and differential gene expression analysis of two parasitic human Demodex species. *Parasitol Res*. 2019 Dec;118(12):3223-3235. doi: 10.1007/s00436-019-06461-0.

Jorge Laborda, 12 de enero de 2020

¿PARA CUÁNDO LA DESCARBONIZACIÓN DE LA HUMANIDAD?

El cambio climático parece haber calado por fin en todas las capas de la sociedad. Muchos han sufrido ya sus consecuencias y tarde o temprano las sufriremos todos. Las causas del cambio climático parecen estar también muy claras: ha sido la actividad humana, causante de ingentes emisiones de CO_2 a la atmósfera, la responsable. El uso y abuso de combustibles fósiles ha conducido a la emisión, en solo unas décadas, de gran parte de la cantidad del carbono que la vida tardó millones de años en acumular y en esconder de la atmósfera al fosilizarse.

El CO_2 es el principal gas responsable del efecto invernadero. Este efecto, hoy tan desagradable, está causado porque las moléculas de CO_2 resultan opacas para algunas frecuencias de radiación infrarroja. Esta radiación, invisible para el ojo humano, se produce en la superficie del planeta por efecto del calentamiento solar y es emitida hacia el exterior. Su emisión colabora en el enfriamiento del planeta durante las noches. Las moléculas de CO_2 son capaces de absorber parte de esta radiación infrarroja y capturar así su energía, que de este modo permanece más tiempo en la atmósfera, calentándola.

La rápida acumulación de CO_2 en la atmósfera ha conducido a que esta se haya calentado y contenga así mayor cantidad de energía capaz de realizar trabajo físico. Este trabajo se traduce en mover masas de aire de aquí para allá con mayor fuerza, velocidad e intensidad, lo que conduce a mayores inundaciones, huracanes, tormentas y tornados. La energía que el CO_2 impide que se escape se queda dentro y nos hace daño.

Es evidente que para, primero, detener y, si fuera posible, revertir este estado de cosas, en primer lugar, debemos detener las emisiones de CO_2 a la atmósfera y, en segundo lugar, tendremos que capturar y retirar de la atmósfera el exceso de CO_2 emitido si deseamos volver a la temperatura media que el planeta poseía antes de la revolución industrial.

Obviamente, no vamos a detener las emisiones de CO_2 de repente. Al fin y al cabo, alrededor del 85% de la energía usada por la Humanidad se genera mediante combustión. Es este, por tanto, un objetivo que se conseguirá con esfuerzo y poco a poco. ¿Cuánto tardaremos? Como diría más de un gallego: depende. Varios factores entran en juego. Uno de ellos es la voluntad y sacrificio que todos estemos dispuestos a realizar. Otro es la propia realidad de las tecnologías actuales y las posibles tecnologías futuras para sustituir las fuentes de energías fósiles por energías renovables.

Algunos expertos han realizado cálculos que nos indican con claridad la situación en la que nos encontramos. Uno de estos cálculos intenta estimar qué sería necesario hacer para conseguir una economía de emisiones cero de CO_2 de aquí a 2050. El calculo comienza con el dato de que actualmente el mundo quema cada día 12.000 millones de toneladas de combustibles fósiles. De aquí al 2050 solo quedan unos 11.000 días, por lo que cada día deberíamos reducir el consumo de combustibles fósiles en más un millón de toneladas, incluso frente a una demanda creciente debido al incremento de la población.

CAPTURA DE CO_2

Y bien, para conseguir esta reducción, la Humanidad debería poner en marcha, agárrate, entre una y dos centrales nucleares cada día. Si la energía nuclear no nos gusta, podríamos sustituir cada central nuclear por unos 1.500 generadores eólicos de buena talla, diariamente, durante los próximos 30 años. Perdona que me ría, pero es obvio que el mundo no está haciendo ni una cosa ni la otra, y esta es la razón por la que, lejos de disminuir, las emisiones de CO_2 no dejan de aumentar, a pesar de todos los acuerdos internacionales hechos y por hacer. La realidad es tozuda y el sistema económico que hemos generado entre todos, sin el que la vida tal y como la conocemos no sería posible, no permite realizar los cambios necesarios con la celeridad que sería conveniente.

Por otra parte, incluso las medidas anteriores no serían suficientes, porque la tecnología actual no permite acumular la energía generada por turbinas eólicas o por placas solares, y distribuirla a los usuarios con la misma facilidad que pueden distribuirse los combustibles fósiles. Se hace necesario desarrollar métodos adicionales, como mejores baterías eléctricas para los transportes por carretera. Será difícil, además, conseguir que el transporte aéreo o marítimo pueda funcionar mediante baterías recargables. Esto es así porque los combustibles fósiles han acumulado una gran cantidad de energía a partir de la recibida del sol durante, como decíamos, millones de años.

En resumen, estamos lejos de poder llegar a la situación ideal de no utilizar combustibles fósiles y detener el calentamiento global. Por consiguiente, muchos científicos creen que para evitarlo deberemos desarrollar tecnologías que capturen el CO_2 liberado a la atmósfera y evitemos así que este impida escapar a la radiación infrarroja al espacio exterior. Estas tecnologías de captura de CO_2 ya existen y algunos países, como Canadá y Noruega, cuentan con centrales de captura de CO_2, aunque son claramente insuficientes a escala global.

Esta tecnología, además, es muy efectiva. De acuerdo con los últimos datos, sería posible capturar el 90% del CO_2 emitido por una central térmica, o por una planta de producción de acero, si estas contaran con una planta adosada de captura de CO_2. No es la totalidad de lo emitido, pero sí una fracción muy importante.

Lamentablemente, solo contamos con unas cuarenta plantas de captura de CO_2 en el mundo. Como en el caso anterior, la Humanidad necesitaría instalar numerosas plantas por todo el mundo para capturar una cantidad significativa de CO_2, aunque eso no generaría energía adicional.

Afortunadamente, el CO_2 puede ser muy valioso para generar materiales y sustancias que hoy producimos a partir del petróleo. De nuevo, será necesario madurar la tecnología, pero capturar el CO_2 puede ser una actividad no solo buena para el planeta, sino económicamente rentable.

Así pues, ¿cuándo conseguiremos la descarbonización de la Humanidad, emisiones cero de CO_2? Los más optimistas calculan que tal vez para 2050. Los menos optimistas postulan que se logrará para 2100. Sea como sea, todo el mundo está de acuerdo en que este objetivo costará decenas de miles de millones de euros, tal vez incluso más. Por mi parte, soy optimista y considero que, perdóname la destemplanza, se logrará mucho antes que la "descabronización" de la Humanidad.

Referencia: https://www.bbc.co.uk/sounds/play/w3csytgx

Jorge Laborda, 19 de enero de 2020

EVOLUCIÓN DEL ALTRUISMO Y EGOÍSMO ENTRE PADRES E HIJOS

Creo que la mayoría de las personas considera al altruismo como una virtud y al egoísmo como un defecto, y que ambos emanan de la fortaleza o debilidad del espíritu humano. Nada más lejos de la realidad si consideramos el papel que egoísmo y altruismo han ejercido y ejercen en la evolución de las especies, incluida la nuestra. El origen de estas cualidades no tiene nada de espiritual, y sí todo de genético.

También creo que, aunque la mayoría de las personas en países avanzados consideran que la evolución de las especies es un hecho probado por la ciencia, pocos son todavía los que aceptan todas las consecuencias de este hecho. Una de ellas es que las cualidades humanas, buenas o malas, han sido también seleccionadas a lo largo de la evolución de las especies hasta llegar a la nuestra. Algunas de esas cualidades entran en conflicto, y es la razón por la que ninguna prevalece sobre las demás y deben convivir en un precario equilibrio.

Altruismo y egoísmo son dos de esas cualidades, en perpetuo conflicto generación tras generación en muchos animales. El altruismo de los padres es un comportamiento instintivo; por consiguiente, derivado de la actividad de ciertos genes, que beneficia a la supervivencia de los hijos y facilita que estos lleguen a la edad de reproducción. Sin embargo, un excesivo altruismo de los padres podría conducir a la imposibilidad de que estos volvieran a reproducirse, al dedicar demasiados recursos a su primer hijo o a su primera camada. Esto resultaría peligroso para la supervivencia de la especie. De la misma manera, un excesivo egoísmo, un comportamiento también derivado del instinto de supervivencia, sería igualmente perjudicial. Los padres demasiado egoístas podrían reproducirse más veces a lo largo de su vida, pero la probabilidad de supervivencia de su prole, y de la especie, se vería disminuida por su egoísmo.

El conflicto entre egoísmo y altruismo queda manifestado por el amplio rango de comportamientos relacionados con ellos que las distintas especies han desarrollado en sus diferentes nichos ecológicos. Algunas de ellas son muy egoístas y no se ocupan en absoluto de la prole. Otras, en cambio, cuentan con padres y madres muy solícitos. Los estudios realizados han confirmado que estas diferencias se deben al funcionamiento de ciertos genes. Por ejemplo, madres muy solícitas de razas concretas de ratones o ratas de laboratorio pueden convertirse en madres indiferentes mediante manipulación genética.

Los hijos suelen comportarse de forma más egoísta que los padres. En efecto, genes que potenciarían un comportamiento egoísta de la prole a expensas de sus padres podrían resultar beneficiosos para la supervivencia de la especie. Puesto que las especies poseen cada una su genoma, genes que potencian el altruismo en los padres o que potencian el egoísmo en los hijos se ven condenados a convivir en los mismos individuos a lo largo de sus vidas y a alcanzar el equilibrio más beneficioso entre ambas tendencias para la especie en su conjunto.

TIJERETAS AMOROSAS

Aunque la evolución indica con claridad que deben existir genes implicados en el altruismo y en el egoísmo, la mayoría de estos genes no se han identificado todavía. Una de las razones es la ausencia de una especie animal que pueda usarse en el laboratorio como modelo para estudiar el comportamiento altruista o egoísta de padres e hijos. Para soslayar esta dificultad, investigadores de la Universidad de Basilea, en Suiza, han decidido estudiar el comportamiento de un insecto muy conocido en Europa y que suele despertar cierta animadversión: la tijereta europea, denominada, en lenguaje científico. como *Forficula auricularia*.

Aunque los insectos no suelen dedicar muchos cuidados a sus proles, esta especie es extraordinaria porque muestra un comportamiento maternal facultativo tras la eclosión de los huevos. Esto quiere decir que las madres pueden aportar cuidados a sus hijos o no, lo que sugiere que el comportamiento altruista o egoísta está regulado posiblemente por circunstancias externas. Entre estas circunstancias se encuentran sustancias emitidas por las jóvenes larvas, de las que se conoce afectan al comportamiento materno.

La existencia de este comportamiento maternal facultativo permite también la posibilidad de realizar manipulaciones con este insecto para intentar potenciarlo o inhibirlo y averiguar así qué genes y qué factores externos son los responsables de este. Esta manipulación, realizada por los investigadores, fue tan sencilla como sustraer los huevos a las hembras antes de que eclosionaran, lo que impediría el comportamiento altruista, o dejarlos junto a ellas hasta la eclosión para posibilitar el cuidado materno a la prole una vez nacida esta.

Los investigadores analizan el funcionamiento de los genes en las hembras de tijereta en una y otra condición y descubren que existen diferencias en nada menos que 1.600 de ellos. Esto da una idea de la importancia que altruismo y egoísmo pueden tener para la supervivencia de las especies. Entre estos 1.600 genes identifican a dos particularmente importantes para la regulación de estos comportamientos, los llamados *Th* y *PebIII*, que también se encuentren en el genoma de otros insectos. El gen *Th* produce una enzima involucrada en la síntesis de dopamina, un neurotransmisor implicado en la sensación de recompensa desde insectos a humanos. *PebIII* produce una proteína receptora de sustancias olorosas, probablemente relacionadas con las producidas por las larvas.

Los investigadores son capaces de impedir, por manipulación genética, el funcionamiento de estos genes tanto en las madres como en la prole de las tijeretas. Al impedir el funcionamiento del gen *Th* en las madres, estas aportaron menos cantidad de alimento a las larvas y ninfas, lo que indica que cuando el gen *Th* funciona con normalidad promueve el comportamiento altruista. Al contrario, los experimentos indicaron que el gen *PebIII* afecta al comportamiento egoísta de las madres tijereta.

15

Insectos y humanos no somos tan diferentes como a algunos nos gustaría. El descubrimiento de la base genética del altruismo y el egoísmo en estos animales abre la puerta para investigar en profundidad qué genes afectan a estos comportamientos en el ser humano.

Referencia: Min Wu et al (2020) The genetic mechanism of selfishness and altruism in parent-offspring coadaptation. *Sci. Adv*. 2020; 6: eaaw0070. 3 January 2020.

Jorge Laborda, 26 de enero de 2020

CEREBRO EXTERMINADOR

El impacto de la actividad humana sobre el planeta es hoy de tal magnitud que algunos científicos han propuesto definir el nacimiento de una nueva era geológica, que han denominado el Antropoceno. Una de las razones para realizar esta propuesta es que los estratos que se están formando hoy en el fondo de los océanos guardarán para el futuro una clara señal de los materiales usados por el ser humano, del cambio climático causado, y de la desaparición repentina de numerosas especies.

Aunque la catastrófica influencia de la expansión de la especie humana sobre todo el planeta es hoy incontestable, no está claro si este impacto comienza hace relativamente pocos años, o comienza mucho antes. Los investigadores que propusieron la nueva era del Antropoceno definieron su nacimiento sobre la década de los años 50 del siglo pasado, por lo que muchas personas aún vivas hoy han visto, sin ellas saberlo, el fin del Holoceno, la era geológica precedente, que ha durado unos 13.500 años, y el nacimiento del Antropoceno. No obstante, el impacto que la aparición de la especie humana ha ejercido sobre el planeta y sobre la biodiversidad y la extinción de otras especies pudo comenzar bien antes del pasado siglo, aunque sin duda los signos dejados que podrían revelar este hecho serían sutiles, escasos y difíciles de detectar.

De ser esto así, estos signos podrían existir, en particular, en África, la cuna de la Humanidad. La expansión humana, si bien por aquel entonces no causó un aumento de las emisiones de dióxido de carbono, ni la generación de materiales no vistos antes sobre la faz de la Tierra, como los plásticos, sí pudo causar o acelerar la extinción de algunas especies, al menos especies que competían con la nuestra por los recursos necesarios para la supervivencia.

Entre estas especies se encuentran los grandes carnívoros. La diversidad de especies de carnívoros en África es mayor que en

17

ningún otro continente. Este hecho solo ya sugiere que la aparición de homínidos inteligentes y finalmente del ser humano sobre ese continente no debió causar un impacto especial sobre la evolución de estos animales. Sin embargo, el análisis de los fósiles indica que la diversidad de especies de carnívoros en África era muy superior a la actual, en particular antes del comienzo del Pleistoceno, hace 2,59 millones de años. Entre las especies que existían por aquellos tiempos se encontraban varias especies de osos, el felino de colmillos de sable, y especies de martas, de nutrias y de jinetas gigantes, todas ellas desaparecidas hoy.

La idea más probable para explicar estas extinciones es un cambio climático que pudo ocurrir por esos tiempos. De hecho, este factor es el que mejor explica las extinciones y la evolución de la diversidad de las especies de herbívoros en África, la cual está estrechamente ligada a la diversidad de los carnívoros, que son sus predadores. Esta estrecha conexión ha sido demostrada para el periodo Neógeno, el último periodo de la era terciaria, de unos 18 millones de años de duración. Sin embargo, este periodo estuvo exento de especies de homínidos de elevada inteligencia.

¿SOMOS CLEPTOPARÁSITOS?

A pesar de estos datos, es aún posible que el declive de los carnívoros en África se deba también a la influencia de nuestros ancestros a medida que estos iban adquiriendo un mayor cerebro e inteligencia y eran capaces de utilizar herramientas y armas que les convirtieron en poderosos predadores y temibles enemigos. El crecimiento del cerebro de los homínidos fue muy importante entre hace unos 5 millones hasta hace un millón años, incrementándose desde un volumen de unos 500 centímetros cúbicos, apenas mayor que el de un chimpancé, hasta un volumen equivalente al actual, de unos 1.500 centímetros cúbicos. Durante este periodo los homínidos sufrieron importantes cambios en su comportamiento y tecnología.

Gracias a su inteligencia, los homínidos pudieron conducir a la extinción de numerosas especies de carnívoros por al menos tres vías diferentes. La primera es la caza directa y eficiente de herbívoros, lo que limitaba a otros carnívoros el acceso a esa fuente de alimentación; la segunda, actuar como carroñeros muy eficaces; la tercera, el llamado cleptoparasitismo, que no es otra cosa que robar las presas recientemente cazadas por otros carnívoros, ahuyentándolos y dejándoles sin alimento. Los leones africanos practican esta modalidad con cierta frecuencia y esto explica por qué carnívoros menos poderosos, como los leopardos, ponen a buen recaudo a las presas capturadas subiéndolas a los árboles. El empleo de armas por los homínidos y su colaboración entre ellos formando nutridos grupos de cazadores les habría dado una importante ventaja para competir por carroña fresca o robar presas recién capturadas. Las tres vías mencionadas no se excluyen entre sí, y bien podría ser posible que los homínidos fueran buenos cazadores, mejores carroñeros y excelentes cleptoparásitos.

Para intentar dirimir si fue el cambio climático o el ascenso de los homínidos el principal responsable de la extinción de numerosas especies de carnívoros, un grupo de investigadores suecos, suizos y británicos desarrollan un programa informático para intentar analizar y correlacionar los datos sobre los cambios climáticos, sobre el crecimiento del cerebro de los homínidos y sobre la extinción de especies de carnívoros en África. Los datos indican que el declive de los carnívoros africanos comenzó hace unos cuatro millones de años, coincidente con el tiempo en el que los homínidos comenzaron a utilizar armas que posibilitaron la inteligente técnica del cleptoparasitismo. Esta práctica pudo conducir a la extinción de varias especies de carnívoros, en un momento en el que estos todavía no habían desarrollado técnicas para defenderse de que otros les robaran las presas, ya que este comportamiento no se había producido antes. Hoy, además de los leopardos, todos los carnívoros africanos emplean una u otra estrategia para impedir el robo de sus presas.

Estos datos indican que el crecimiento del cerebro de los homínidos fue una fuerza que actuó contra la biodiversidad hace ya millones de años. Una inteligencia elevada y un gran cerebro se revela de este modo como una potente fuerza que puede cambiar el destino de la evolución de la vida sobre el planeta mucho antes de que se desarrolle una civilización tecnológicamente avanzada.

Referencia: Søren Faurby, et al (2020). Brain expansion in early hominins predicts carnivore extinctions in East Africa. https://onlinelibrary.wiley.com/doi/10.1111/ele.13451

Jorge Laborda, 2 de febrero de 2020

CAMUFLAJE IRIDISCENTE

Hace unos años tuve el privilegio de visitar el Palacio Real de Bruselas, en el que pude admirar su famoso Salón de los Espejos, cuyo techo está decorado con los caparazones de color verde iridiscente de un millón cuatrocientos mil escarabajos tailandeses. El espectáculo es impresionante. Sin embargo, sentí algo de tristeza por tanto escarabajo muerto… aunque personalmente no conocía a ninguno.

Recordemos que la iridiscencia es la propiedad de algunas superficies que hace que estas cambien gradualmente de color de acuerdo con el ángulo de incidencia de la luz. Ejemplos de iridiscencia muy conocidos los tenemos en las pompas de jabón y en las superficies de los CDs o DVDs. La iridiscencia de muchas especies de escarabajos y otros insectos, y también de las plumas de muchas especies de aves, como el pavo real, se debe a la naturaleza de la superficie de los caparazones o de las plumas, formada por pequeñas cutículas que constituyen lo que se denominan redes de difracción, compuestas por patrones regulares que interaccionan con la luz blanca y la separan en sus diferentes colores como si de un arcoíris se tratara. Cada color es reflejado por la superficie iridiscente con un ángulo ligeramente diferente de los otros, lo que consigue que el color de la superficie que vemos dependa del ángulo desde el que la observamos.

El hermoso y brillante color verde de los escarabajos tailandeses iridiscentes fue el causante de su muerte para ser utilizados como materiales de decoración. No obstante, en su ambiente natural, la iridiscencia debería aportar alguna ventaja para su supervivencia. En la Naturaleza, los colores suelen ser utilizados con dos objetivos diferentes. El primero es el camuflaje. Para conseguirlo, los animales adquieren tonos y coloraciones que los confunden con el ambiente en el que viven. Quizá los maestros supremos del camuflaje sean los cefalópodos, en particular las inteligentes sepias y los no menos espabilados pulpos. El segundo objetivo es el llamado aposematismo. En este caso, los animales se recubren de vivos colores para avisar a sus potenciales predadores de que no son comestibles o de que son peligrosos. Las ranas venenosas suelen ser, por ello, de vivos colores.

La iridiscencia de muchas especies de insectos, en particular de los escarabajos, es un fenómeno que no era bien comprendido, ya que sus brillantes colores no sirven para indicar que sean peligrosos o venenosos porque, en efecto, no lo son. Por otra parte, su iridiscencia no parece que pueda cumplir tampoco una función de camuflaje, sino más bien todo lo contrario, aunque este es un tema controvertido, ya que algunos científicos creen que la iridiscencia podría servir para despistar a los predadores.

Otra posibilidad para explicar la existencia de animales iridiscentes es la preferencia sexual. El pavo real es un ejemplo, ya que, aunque sus largas y vívidas colas no facilitan la huida frente a presuntos predadores, sí facilitan su reproducción, ya que las hembras prefieren a los machos con las más hermosas colas (como sucede también en ciertas especies de inteligentes homínidos; no bromeo). Es de suponer que, si a pesar de una larga y pesada cola con grandes plumas el macho sigue vivo, y con ganas, debe ser porque su bagaje genético es excelente y merece la pena reproducirse con él.

LAS APARIENCIAS ENGAÑAN

Sin embargo, la idea de la selección sexual se topa con serios inconvenientes, como el hecho de que muchas especies iridiscentes no presentan diferencias entre machos y hembras en esta característica, lo que es necesario para que la selección sexual actúe. Además, larvas y ninfas de muchas especies de insectos son también iridiscentes, aunque en esas etapas de sus vidas son incapaces de reproducirse, lo que indica que la iridiscencia no estaría relacionada con las preferencias sexuales, sino con la supervivencia frente a predadores, en particular frente a las aves, pero ¿cómo?

Investigadores de la Facultad de Biología de la Universidad de Bristol, en el Reino Unido, deciden realizar estudios de campo utilizando fotografías calibradas e impresas en papel de los caparazones (élitros) del escarabajo *Sternocera aequisignata*, un escarabajo asiático de un color también verde iridiscente, para generar de este modo presas simuladas para los pájaros. En un primer experimento, los investigadores estudian la tasa de captura por las aves de estas presas simuladas en un entorno natural y la comparan con la tasa de captura de otras presas simuladas no iridiscentes, del mismo o de un color diferente. En un segundo experimento, los investigadores encargan a humanos "exploradores" buscar y encontrar estos escarabajos simulados, iridiscentes o no, en el mismo entorno natural.

Los experimentos fueron realizados con cientos de presas simuladas y los datos fueron sometidos a un riguroso análisis estadístico para averiguar si las presas iridiscentes eran más o menos atacadas por las aves, o encontradas por los humanos. En ambos casos, los datos indicaron con claridad que la iridiscencia, lejos de facilitar la identificación de una presa potencial, la dificulta. Esta dificultad aumenta, además, cuando la presa se sitúa sobre un fondo brillante como, por ejemplo, una hoja húmeda que refleja la luz con mayor intensidad, u hojas de ciertas especies de plantas que poseen una capa exterior brillante, en lugar de mate.

Estos estudios confirman, por tanto, la idea de que, a pesar de las apariencias, que suelen engañar, la iridiscencia es una clase particular de camuflaje. El camuflaje asociado a la iridiscencia surtió su efecto durante millones de años, hasta que una especie de homínido no tan lista como se cree decidió que esos animales podrían ser utilizados para decorar edificios o para elaborar joyas, lo que en efecto se hace. Esperemos que el sentido común y el respeto por todas las criaturas del planeta acabe por imponerse y la vida pueda recuperarse de lo que le hemos hecho.

Referencia: Karin Kjernsmo et al. (2020) *Current Biology* 30, 1–5. Iridiscence as camouflage. https://doi.org/10.1016/j.cub.2019.12.013

Jorge Laborda, 9 de febrero de 2020

DEFENSA POR LA ESPALDA

La Naturaleza posee numerosísimas maravillas, y algunas de ellas se encuentran en nuestro interior. No estoy hablando de las asombrosas características del ser humano, de su mundo íntimo, de los misterios de la personalidad o de la inteligencia humanas. Hablo de nuestro intestino.

El interior de nuestro intestino, que paradójicamente se encuentra en realidad fuera del organismo y es una importantísima frontera por donde deben entrar los alimentos a este, se encuentra en un continuo estado de guerra para mantener a raya a los microrganismos que habitan en él. Estos constituyen la microbiota intestinal que, en principio, supone un conjunto de bacterias y otros microrganismos muy beneficiosos para la salud, pero que si logran penetrar la barrera intestinal seguirán a ciegas su programa reproductor y procederán a invadir todo el organismo si el sistema inmunitario no se lo impide.

La acción del sistema inmunitario para frenar los intentos de invasión de los microrganismos intestinales es tan decisiva que el sistema inmune cuenta en el intestino con un subsistema especializado y dedicado a impedir las invasiones de los microrganismos que puedan penetrar su superficie epitelial. Este sistema está siempre alerta y cuenta además con procesos de "inteligencia" para detectar en cada momento a los posibles microrganismos patógenos que puedan aparecer por el intestino, probablemente ingeridos con los alimentos. Órganos linfoides especializados y distribuidos por todo el intestino escudriñan sin descanso a los microrganismos de la superficie intestinal y comunican la información conseguida sobre su naturaleza a los linfocitos, que son los encargados de coordinar la lucha contra ellos en caso de que estos puedan penetrar la barrera que para ellos supone la superficie del intestino.

Esta de por sí importante y delicada labor se ve complicada por el hecho fundamental de que los alimentos, compuestos por materiales también procedentes de organismos extraños, deben ser tolerados, es decir, no deben ser blanco del ataque inmunitario. Una respuesta inmune inadecuada frente a un componente alimenticio, en principio inofensivo, puede generar graves alergias y diarreas que ponen en peligro a la salud. Por consiguiente, el sistema, inmunitario de las mucosas intestinales, que así se llama, lleva a cabo una difícil misión.

Las tareas defensivas son, no obstante, imposibles a menos que se detecte al enemigo en una situación que conlleve un peligro para el organismo. Mientras el enemigo esté confinado en la superficie del intestino, no es, de hecho, un enemigo, sino flora amiga que nos ayuda en la digestión y produce además algunas importantes vitaminas. Solo si la flora atravesara la barrera epitelial se convertiría en enemigo real al que sería necesario combatir.

Herramientas de detección

Para detectar a los microorganismos invasores, sea cual sea su naturaleza, algunas células del sistema inmune están equipadas con moléculas que detectan componentes de los microorganismos necesarios para que estos construyan sus estructuras vitales. Estas moléculas detectoras se denominan receptores, porque reciben una señal molecular de los microorganismos. Entre los receptores más importantes con los que cuentan las células del sistema inmunitario se encuentran los llamados receptores Toll, o TLR.

Existen trece receptores TLR (TLR-1 a TLR-13), aunque la especie humana solo posee los diez primeros. Cada uno de estos está especializado en detectar algún componente o estructura molecular propia de los microorganismos, pero ausente en las células eucariotas. Por ejemplo, los receptores TLR-2 y TLR-4 detectan componentes de las paredes de diferentes tipos de bacterias. TLR-3 detecta ARN de doble hebra, que se genera si las células han sido infectadas por ciertos tipos de virus, y TLR-5 detecta una proteína propia de los flagelos bacterianos.

La detección de los componentes microbianos por uno u otro receptor Toll desencadena una serie de mecanismos moleculares conducentes a evitar la infección y la diseminación del microrganismo. En particular, las células estimuladas de este modo envían señales de alarma que consiguen reclutar a células de las defensas desde la sangre, allí donde el microrganismo ha sido detectado, para luchar contra él.

Como hemos mencionado, los microrganismos que habitan en el interior del intestino son beneficiosos, pero si pasan al otro lado de la pared intestinal es necesario detectarlos y atacarlos. Por esta razón, la misión del sistema inmunitario del intestino es, de hecho, tan complicada que no basta con su sola acción para asegurar una defensa adecuada. Las propias células epiteliales del intestino deben también participar en esta tarea para conseguir una defensa segura.

Sin embargo, mientras las células del sistema inmunitario patrullan el organismo buscando a potenciales invasores, las células epiteliales intestinales se encuentran en contacto permanente con los microrganismos del intestino. En estas condiciones, detectar a estos microrganismos continuamente con receptores Toll y dar la alarma resultaría contraproducente. La situación ideal sería que las células epiteliales del intestino solo pudieran detectar a los microrganismos cuando estos hubieran pasado al otro lado, pero no cuando se encuentran en el lado adecuado.

No era conocido si esto sucedía o no en realidad. Ahora, un grupo de investigadores de varios países realizan una serie de estudios que revelan que las células epiteliales del intestino son, en efecto, asimétricas en su capacidad de detectar a los microrganismos. Los receptores Toll de estas, en particular TLR-3, se encuentran solo en la "espalda" de la célula, en la parte que no está en contacto con la superficie del intestino. De este modo, las células del intestino solo detectarán a un virus enemigo y darán la alarma cuando este haya atravesado la barrera epitelial y se encuentre en el lado opuesto.

¿Cómo consiguen las células intestinales mantener esta asimetría? Serán necesarios nuevos estudios para averiguarlo, pero sea como sea como lo consigan, podemos una vez más asombrarnos con los mecanismos moleculares que las células ponen en marcha para asegurar el equilibrio adecuado entre nosotros y los microrganismos del mundo exterior.

Referencia: Megan L. Stanifer, et al. Asymmetric distribution of TLR3 leads to a polarized immune response in human intestinal epithelial cells. *Nature microbiology*, https://doi.org/10.1038/s41564-019-0594-3

Jorge Laborda, 16 de febrero de 2020

DIFERENCIACIÓN DARWINIANA

Uno de los fenómenos más interesantes y asombrosos de la Naturaleza es la diferenciación celular. Es este el proceso por el cual, de una célula original, como es el óvulo fecundado, surgen células diversas que, a medida que se reproducen, se hacen diferentes de la célula original y de sus células hermanas, y adquieren las funciones propias de los distintos órganos que ellas originan.

Aunque todas las células del organismo contienen la misma información genética, esta no se expresa por igual en los distintos tipos celulares que constituyen el organismo maduro. Los distintos tipos celulares tienen en funcionamiento, expresan, como se dice en lenguaje científico, diferentes genes. Es la expresión diferencial de los genes la que posibilita diferencias tan notables como las existentes entre las células que producen moco en nuestras fosas nasales y las neuronas, aunque las redes sociales parezcan pobladas de individuos que secretan "moco cerebral" en lugar de ideas sensatas.

La pregunta obvia, aunque no por ser obvia posee una igualmente obvia respuesta, es cómo saben las células hijas que se van reproduciendo a partir de la célula madre original qué genes deben poner en marcha y qué genes deben apagar. Para intentar responder a esta pregunta, se han propuesto dos ideas generales que intentan iluminar el camino para alcanzar la verdad mediante experimentos.

La primera idea propone que la célula original, el óvulo fecundado, es el inicio de un programa perfectamente determinado que van a seguir de manera fiel todas las células hijas. Según esta idea, desde la primera división de la célula original, las células hijas estarían ya destinadas a originar células de órganos diferentes. De la primera célula hija derivaría, por ejemplo, la parte superior del cuerpo, y de la segunda, la parte inferior. Sucesivas divisiones de estas células darían lugar a las células de las diferentes partes del organismo de una manera programada y determinada en el genoma de manera indeleble.

La segunda idea, sin embargo, es más atrevida e invoca fenómenos aleatorios en la expresión de los genes que sucederían en el inicio del proceso de la diferenciación y que conducirían finalmente a que las células decidan convertirse en uno u otro tipo de célula madura según la suerte que hayan corrido. Se acuerdo con esta idea, las dos células hijas derivadas de la célula original no "saben" todavía en qué se van a convertir o qué otro tipo de células van a originar. Su destino no está prefijado en un programa y depende de fluctuaciones aleatorias en la naturaleza de los genes que tienen funcionando y en la intensidad o el nivel de este funcionamiento.

SUERTE Y AL GEN

Aunque la segunda idea parece otro "moco cerebral", ya que no es muy sensato pensar que la sofisticada y delicada organización de las células en un organismo dependa de procesos aleatorios, existen algunos datos que sugieren que puede ser cierta. Por ejemplo, no todas las células madre o precursoras expresan los mismos genes con la misma intensidad. Hoy podemos saber esto gracias a las impresionantes capacidades tecnológicas de la biología molecular, que permiten analizar célula a célula lo que sucede en ellas. Por otra parte, las diferencias en la expresión de los genes son máximas al inicio del proceso de diferenciación y luego disminuyen, es decir, una vez que las células precursoras ya han decidido en qué tipo de células maduras convertirse, los genes que estas expresan son mucho más similares que antes de haberlo decidido.

Sin embargo, estos datos por sí solos no permiten concluir que la diferenciación de las células dependa del azar en la expresión de los genes. Para poder concluir esto con seguridad, hacen falta experimentos que permitan manipular la expresión génica al inicio del proceso de diferenciación de manera que esta aumente o disminuya de forma aleatoria. Tras conseguir esto, habría que analizar si la diferenciación se ve aumentada o disminuida por esta manipulación.

Investigadores del laboratorio de modelización celular de la Universidad de Lyon han conseguido realizar este tipo de experimentos. Para ello, se apoyan en descubrimientos recientes de tres fármacos, dos de los cuales aumentan la expresión aleatoria de los genes en las células progenitoras de los glóbulos rojos, mientras que el tercero la disminuye. La diferenciación celular desde células progenitoras localizadas en la médula ósea a los eritrocitos maduros de la sangre es un proceso muy importante en un adulto sano, que produce nada menos que 2,4 millones de eritrocitos por segundo para suplir a los que van muriendo.

Los experimentos mostraron con claridad que el tratamiento con los dos fármacos que aumentan la expresión aleatoria de los genes resultó en un incremento en la cantidad de eritrocitos producidos. Al contrario, el tratamiento con el fármaco que disminuye la expresión aleatoria de los genes en las células precursoras resultó en una menor cantidad de eritrocitos maduros.

Estos experimentos indican que en el inicio del proceso de diferenciación las células dependen en cierta medida de la suerte para decidir si se embarcan o no de lleno en dicho proceso hasta alcanzar la madurez. Obviamente, no invalidan la otra idea, que las células siguen un programa determinado que las conduce desde un estado inicial a un estado final, pero este programa no se inicia de manera determinista. En otras palabras, dada una célula precursora capaz de convertirse en varios tipos de células maduras, no podemos predecir en qué tipo de célula madura se va a convertir, porque esa decisión depende en gran medida del azar en la expresión de sus genes.

Así pues, resulta que el proceso de diferenciación celular se parece un poco al proceso de evolución por mutación y selección. En este caso, las células precursoras no mutan sus genes al azar, pero sí los ponen en funcionamiento de manera aleatoria, lo que conduce luego a la selección del tipo final de célula madura que formará parte del organismo. Durante el desarrollo de los

31

embriones, por tanto, el azar juega un papel más importante que el supuesto hasta ahora.

Referencia: Guillemin A, Duchesne R, Crauste F, Gonin-Giraud S, Gandrillon O (2019) Drugs modulating stochastic gene expression affect the erythroid differentiation process. *PLoS ONE* 14 (11): e0225166. https://doi.org/10.1371/journal.pone.0225166

Jorge Laborda, 23 de febrero de 2020

MÁS CONFLICTO QUE AMOR

No hay duda de que, entre un hombre y una mujer, e incluso entre machos y hembras de algunas especies de animales, puede surgir el amor, pero si este surge, es seguro que también surge el conflicto. Los que mantienen una visión romántica de la vida tal vez crean que el amor es el motor del mundo. No lo creo cierto. El motor del mundo es el conflicto y sí, en particular, el conflicto entre los dos sexos canónicos, entre machos y hembras.

No es por el hecho de que ambos sexos se necesiten imperativamente para su mutua supervivencia por lo que el conflicto es más improbable y el amor, más probable. De hecho, si el conflicto surge por la colisión entre intereses dispares, el amor surge de la colusión entre intereses compartidos y en ambos casos son siempre intereses que involucran a la reproducción y a la supervivencia, lo creamos o no. Estos intereses pueden no ser ni siquiera conscientes, sino que son perseguidos por cada uno de los sexos mediante mecanismos genéticos y moleculares innatos que controlan gran parte del comportamiento sin que ni los animales, ni tampoco nosotros, nos demos cuenta de ello.

Uno de los mecanismos genéticos más curiosos y que reflejan el eterno conflicto entre los dos sexos es la impronta génica. La impronta es el fenómeno por el cual, aunque heredamos una copia de todos nuestros genes de la madre y otra copia del padre, algunos de esos genes van a funcionar exclusiva o principalmente desde el cromosoma heredado de uno solo de los progenitores, y no del otro. Así, hay genes que funcionan solo a partir de uno de los cromosomas heredado de la madre. Los mismos genes heredados del padre no funcionan, están silenciados. Hay igualmente genes que solo funcionan a partir de uno de los cromosomas heredados del padre, y los mismos genes heredados del cromosoma materno son, en esta ocasión, los que están silenciados.

Los genes que sufren el fenómeno de la impronta génica no han sido "elegidos" al azar durante la evolución. Como es sensato pensar, estos genes son genes importantes, que participan en el control y la regulación de fenómenos biológicos de relevancia, en particular en el control de los nutrientes y el crecimiento de los organismos. Y es que aquí surge ya un importante conflicto entre los sexos. Los padres de los mamíferos tienen interés biológico en que sus hijos crezcan lo más posible a partir del organismo de la madre, que los mantiene y del cual extraen los nutrientes para dicho crecimiento durante el embarazo y la lactancia. De esta manera, su descendencia tendrá probablemente un mayor éxito a la hora de reproducirse. Sin embargo, las madres tienen el interés contrapuesto de frenar un excesivo crecimiento de sus hijos, que podría dejarlas exhaustas e incapacitadas para volver a reproducirse con otros machos. En este contexto, sería ventajoso para los machos tomar el control de los genes que estimulan el crecimiento y ventajoso para las hembras tomar el control de los genes que frenan un excesivo crecimiento. Esto es, en efecto, lo que ha sucedido a lo largo de la evolución.

Genes contra genes

El control del funcionamiento de los genes con impronta ha sido también un asunto de importancia en la evolución de las especies, y estos genes suelen agruparse y localizarse cerca unos de otros en ciertos cromosomas. Así, no es raro ver genes con impronta paterna estar localizados justo al lado de los que tienen impronta materna. Esto refleja el hecho ya conocido de que, a lo largo de los eones, los genes implicados en el control de mecanismos celulares similares se han organizado de modo que aparecen cercanos en el genoma de las especies y su funcionamiento puede así ser controlado de manera más fácil.

Unos genes con impronta particulares son los que producen los llamados micro-ARNs, abreviados como miARNs. Los miARNs son fragmentos cortos de ácido ribonucleico que poseen una secuencia de "letras" complementaria a la de un ARN mensajero producido por uno u otro gen, y que es necesario para la producción de la proteína cuya información está codificada en el gen. Los miARNs se unen a los ARN mensajeros, los inutilizan y los conducen a su destrucción. De este modo, el funcionamiento de un gen controlado por el padre y que produce una proteína beneficiosa para la transmisión de sus genes puede ser contrarrestado por otro gen, el que produce el miARN, cuyo funcionamiento es controlado por la madre.

En relación con esto, un equipo de investigadores del Instituto de Tecnología de Massachusetts ha realizado muy recientemente un interesante descubrimiento. Al estudiar un grupo de genes que producen más de treinta miARNs con impronta materna, es decir, que funcionan a partir del cromosoma heredado de la madre, identifican a dos genes con impronta paterna que son blanco de su actividad. Estos genes no están implicados en el crecimiento o en el control de los nutrientes, sino que, atención, afectan a la transmisión sináptica y al funcionamiento neuronal. La trasmisión sináptica controla, como es bien conocido, aspectos muy importantes del comportamiento y de la vida. Puede, por ejemplo, afectar a la sensación de hambre y modular así las exigencias de los recién nacidos en el periodo de lactancia.

Los investigadores indican que existen otros grupos de genes que producen miARNs, de características similares, que podrían también afectar al desarrollo del sistema nervioso y al establecimiento de sinapsis en determinadas áreas cerebrales. Quién sabe, tal vez sean estos genes los que participan en el establecimiento de las sinapsis necesarias para que surja el amor entre los sexos, en particular para que los machos caigan prendados de las hembras. De ser así, el amor sería el hijo de conflicto, y no el conflicto el hijo del amor. Habrá que esperar a nuevas investigaciones para averiguarlo. Mientras tanto, amaos las unas a los otros, y viceversa, y en cualquier combinación, todo lo que os dejen.

Referencia: Whipple et al., 2020, Imprinted Maternally Expressed microRNAs Antagonize Paternally Driven Gene Programs in Neurons. *Molecular Cell* 78, 1–11 April 2, 2020 Published by Elsevier Inc. https://doi.org/10.1016/j.molcel.2020.01.02

Jorge Laborda, 1 de marzo de 2020

CALENTAMIENTO GLOBAL Y UNA DE GAMBAS RUIDOSAS

Hay fenómenos físicos muy curiosos que, sin embargo, no se suelen estudiar en los contenidos de Física básica de institutos y universidades, salvo que en estas últimas uno se adentre en el estudio de la Física propiamente dicha. Uno de estos fenómenos es el de la cavitación, que, como su nombre sugiere, se trata de la generación de cavidades, en particular de la generación de cavidades en los líquidos.

Un momento. ¿Cavidades en los líquidos? ¿No estaremos hablando de la burbuja común? Y bien, no. No todas las cavidades que se forman en los líquidos son burbujas. Las burbujas están llenas de aire, mientras que las cavidades que se forman en el fenómeno de la cavitación son cavidades huecas, vacías, en las que la presión interior es mucho menor que la presión en el líquido que las rodea.

Tal vez los fenómenos de cavitación más comunes se produzcan en las hélices de los motores de las lanchas rápidas. La vertiginosa rotación de los propulsores de estos motores genera un fuerte vacío en la región de las hélices que se encuentra en la parte opuesta a la dirección de su movimiento de rotación. Digamos que al impulsar la hélice el agua muy rápidamente en una dirección, esta no tiene tiempo de rellenar el vacío que deja la hélice tras de sí. Ese vacío crea grandes espacios huecos, similares a burbujas, pero sin aire en su interior. Solo algo de vapor de agua viene a rellenar parcialmente las cavidades formadas.

Estas cavidades tienen una vida breve, puesto que la presión del agua que las rodea tiende a hacerlas desaparecer por implosión. La implosión supone el rápido colapso de la cavidad y el paso del vapor de agua que la rellena de nuevo al estado líquido. Este rápido colapso produce una onda de choque que genera un intenso ruido, similar al de una pequeña explosión, aunque en este caso se trate de una implosión.

Las hélices de las lanchas rápidas no son las únicas capaces de generar fenómenos de cavitación en los océanos. Resulta que dos géneros de crustáceos, similares a grandes gambas o a pequeñas langostas (lo que nos resulte más apetitoso), utilizan el fenómeno de la cavitación para generar sonidos con los que pueden cazar y comunicarse con sus congéneres. Ahí es nada.

Uno de estos crustáceos se denomina la gamba mantis. Estas gambas guardan un cierto parecido con esos notables insectos carnívoros y, como ellos, cazan con rápidos movimientos de sus pinzas para atrapar a sus presas. Existen unas 450 especies diferentes de este tipo de gambas y los movimientos de sus pinzas son de tal rapidez y energía que algunas de estas gambas en cautividad han llegado a romper el cristal del acuario que las contenía. Es este rápido movimiento de las pinzas el que genera fenómenos de cavitación y un intenso ruido que acompaña a la implosión de las cavidades formadas durante el momento de la caza.

CAZA CON PISTOLA

Mientras las gambas mantis son relativamente grandes, llegando a medir entre 30 y 38 cm de longitud, otro tipo de crustáceos que también genera fenómenos de cavitación es mucho más pequeño. Se trata de las llamadas gambas pistola, de solo 3 a 5 cm de longitud. Estas gambas, de las que se han catalogado 1.119 especies, tienen pinzas asimétricas, con una de ellas mucho más desarrollada que la otra y que puede alcanzar un tamaño mayor que el del propio cuerpo de la gamba. Esta pinza de mayor tamaño es la que utilizan para cazar, generando ruido y cavidades que confunden a sus presas gracias a los fenómenos de cavitación que producen con ella al cerrarla con gran rapidez. La pinza funciona, de hecho, como un gatillo, el cual al abrirse acumula energía que es liberada de manera súbita al cerrarse con enorme celeridad. La otra pinza, más pequeña, es utilizada para capturar a la confusa presa y arrastrarla a su "madriguera" para consumirla.

Las gambas pistola son notables por su capacidad para regenerar la pinza mayor si acaso la pierden en algún lance. Si esto sucede, la pinza perdida se regenera en una pinza pequeña, al mismo tiempo que la pinza que aún le queda crece y se convierte en la nueva pinza de mayor tamaño. La gamba pasa así de diestra a zurda o viceversa. ¿No es extraordinario?

No pensemos que, por su pequeño tamaño, estas gambas solo generan pequeños ruidos. Al contrario, estas gambas rivalizan con las ballenas o las belugas por el dudoso trono del animal marino más ruidoso. Y es que, durante el proceso de su colapso, las cavidades que generan pueden alcanzar temperaturas de, atención, 4.700°C, solo 800°C menos que la temperatura de la superficie del Sol y mayor que la de la superficie de algunas estrellas rojas. Al colapsar, la energía de estas cavidades se convierte en un intenso sonido, e incluso en luz (gracias a otro fenómeno llamado sonoluminiscencia).

Este ruido que inunda los mares donde habitan estos crustáceos puede verse intensificado por el calentamiento global. Investigadores del Instituto Oceanográfico de Woods Hole, localizado al sur del estado de Massachusetts, han investigado el comportamiento de estos crustáceos en diversas condiciones de temperatura. Sus resultados indican con claridad que una mayor temperatura incrementa la frecuencia a la que algunas especies de gambas pistola hacen chasquear sus grandes pinzas. Un océano más caliente se traducirá así en un océano más ruidoso.

Y un océano más ruidoso puede acarrear desagradables consecuencias para algunos. Animales que emplean el sonido para comunicarse o navegar, como los cetáceos, pueden ver sus comunicaciones impedidas en algunos entornos marinos donde estas especies de gambas abunden. Además, la eficacia de instrumentos como el sónar, utilizado para detectar bancos de peces o en misiones de naturaleza militar, puede resultar afectada. Definitivamente, el calentamiento global, que ya parece imparable, puede acarrear consecuencias desagradables e insospechadas que la ciencia irá, poco a poco, desvelándonos.

Referencia: Hot loud ocean: temperature drives acoustic output by a dominant biological soundproducer Session: ME51A - Exploring and Characterizing Deep- and Coastal Ocean Soundscapes I. Date: Friday, 21 February 2020 Time: 9:45 - 10:00 a.m. PST Location: San Diego Convention Center, room 7A, upper level. Talk number: ME51A-08

Jorge Laborda, 8 de marzo de 2020

UN REFRÁN REFRENDADO POR LA CIENCIA

Aún recuerdo uno de los primeros refranes que aprendí en la infancia: Desayuna mucho, come más, cena poco y vivirás. Eso me decían repetidas veces los que cuando niño eran los porteros de mi casa, el señor José y la señora Adoración se llamaban. ¡Qué tiempos aquellos!

No sospechaba yo (en mi ingenuidad infantil y acientífica de aquellos años) que ese refrán popular iba a ser objeto, décadas más tarde, de una controversia científica que aún no está completamente esclarecida. Y es que, si desayuno poco, como más y ceno más aún, de manera que la cantidad de calorías diarias que ingiero sean las mismas que en el caso del refrán ¿qué diferencia puede haber para la salud? ¿Acaso las calorías ingeridas en unos momentos del día engordan más o menos, o son más o menos saludables, que las mismas calorías ingeridas en otros momentos? Como sabemos, la obesidad es un problema que disminuye significativamente la esperanza de vida. ¿Acaso comer lo mismo pero repartido en el día de manera diferente puede ayudar a luchar contra la obesidad o contra la diabetes?

Haciendo caso de este refrán, algunas personas obesas limitan o se saltan por completo el desayuno, en un intento de adelgazar, aunque compensan luego las escasas calorías ingeridas en el desayuno en el almuerzo, la comida o la cena. ¿Ayuda esta estrategia a gastar más calorías que, por ejemplo, desayunando más y cenando menos? Este interesante asunto para nuestra salud ha sido estudiado por algunos científicos. Algunos de los estudios han concluido que la cantidad de energía gastada a lo largo del día no depende de cuando ingiramos las calorías de nuestra dieta diaria, si en el desayuno o en la cena. Por tanto, el refrán que me repetían mis amables porteros parece, de acuerdo con estos estudios, ser más bien falso, a menos en relación con la obesidad.

Sin embargo, los estudios realizados sufrían de algunos problemas. En primer lugar, no se habían llevado a cabo en condiciones estándar de laboratorio y se basaban, sobre todo, en los informes aportados por los participantes voluntarios sobre la cantidad de calorías ingeridas y en qué momento del día las habían ingerido. Además, los estudios no tenían en cuenta los diferentes niveles de actividad física realizados por los participantes.

Por otra parte, los resultados de estos estudios parecían contradecir los bien establecidos ritmos circadianos, que modulan nuestro metabolismo a lo largo del día y hacen que este sea más intenso en ciertos momentos, y menos intenso en otros. Existe un conocido fenómeno, que sucede tras la ingesta de alimentos, que se denomina la termogénesis inducida por la dieta. Esta termogénesis supone un mayor consumo de grasas que se "queman" simplemente para generar calor. La termogénesis sigue un ritmo circadiano, es decir, depende del momento del día, por lo que según cuántas calorías se ingieran en uno u otro momento de la jornada es posible que una diferente proporción de grasas sea quemada preferentemente en lugar de ser acumulada en el tejido adiposo. Si esto es cierto, el refrán que me repetían los porteros de mi casa podría ser también cierto.

COMER EN EL LABORATORIO

Para intentar cerrar este debate de una vez por todas, investigadores de la Universidad de Lubeck, en Alemania, llevan a cabo un estudio de laboratorio con 16 jóvenes voluntarios. Estos pasaron tres días tomando una dieta en la que el desayuno solo suponía el 11% de las calorías diarias, mientas que la cena suponía el 69%. Dos semanas más tarde, los mismos voluntarios volvieron a pasar tres días en condiciones de laboratorio ingiriendo una dieta en la que el desayuno suponía el 69% de las calorías y la cena solo el 11%. Durante esos dos periodos de tres días, los investigadores determinaron la cantidad de termogénesis inducida por la dieta, y determinaron igualmente los niveles de glucosa en sangre, la tasa de metabolismo de la glucosa y la sensación de hambre y apetencia por los dulces.

Los resultados de este estudio son ciertamente reveladores. La termogénesis inducida por la dieta fue 2,5 veces superior cuando las mismas calorías se ingirieron durante el desayuno que cuando estas calorías se ingirieron durante la cena, es decir, las mismas calorías ingeridas eran quemadas, en lugar de almacenadas, mucho más eficazmente por las mañanas que por las noches. Igualmente, el incremento de los niveles de glucosa en sangre, y también de los niveles de insulina, fue menor cuando se tomaba un desayuno rico en calorías que cuando se ingería una cena de idéntico contenido calórico. Esto sugería que el momento en que se ingiere la mayor parte de las calorías diarias puede incidir en la probabilidad de desarrollar diabetes y resistencia a la insulina. Por último, un desayuno pobre en calorías incrementó la sensación de hambre por las mañanas y el apetito por alimentos dulces, ricos en carbohidratos de rápida absorción, lo que también es un factor de riesgo para desarrollar obesidad y diabetes.

Así pues, según estos datos, es preferible comer un buen desayuno que una buena cena si queremos protegernos del riesgo de desarrollar obesidad y diabetes. Los resultados indican también que saltarse el desayuno, o tomar un desayuno pobre en calorías, ese café con leche solitario no acompañado de la correspondiente tostada con aceite, tomate, mantequilla, queso de untar, o mermelada, es una estrategia equivocada para intentar perder peso.

Este estudio permite concluir también que, en lo que a desayunar, comer y cenar se refiere, la sabiduría de los antiguos porteros, un oficio hoy desaparecido desde hace décadas, y de la cultura popular española en general, queda refrendada por la ciencia. Sin embargo, sin estudios científicos que lo avalen, lo que nos puedan decir unos u otras sobre el importante asunto de la dieta y la salud no dejan de ser sino opiniones sin fundamento. Un sano escepticismo es siempre saludable, en espera de lo que nos diga la ciencia.

Referencia: Juliane Richter et al. (2020). Twice as High Diet-Induced Thermogenesis After Breakfast vs Dinner On High-Calorie as Well as Low- Calorie Meals. *J. Clin. Endocrinol. Metab.* March 2020, 105(3):1–11. doi:10.1210/clinem/dgz311.

Jorge Laborda, 15 de marzo de 2020

¿Existen diferencias de personalidad entre los sexos?

Muchos defienden que la ciencia carece de ideología y que simplemente se dedica a averiguar cómo es la realidad. Creo que esta afirmación es cierta. Sin embargo, un problema con el que se topa la ciencia es que, al descubrir la realidad, esta choca a menudo con la ideología. No es para menos, porque la ideología contempla ideas sobre cómo debería ser el mundo, y la ciencia simplemente nos dice, aunque a veces con mucha dificultad y oposición por parte de las ideologías y de las diversas creencias, cómo el mundo simplemente es.

Por esta razón, no todos los temas de investigación son igualmente aceptables por la sociedad, ya que algunos desafían a valores sustentados sobre ideas que la ciencia puede acabar revelando que son simples desiderátums. Uno de estos controvertidos temas de investigación es el de si realmente, tomados como grupos diferentes, hombres y mujeres poseemos o no diferencias notables de personalidad. No hay controversia si lo que la ciencia revela está de acuerdo con lo que pensamos de antemano, pero si la ciencia contradice nuestras ideas de cómo deberían ser las cosas, en un tema tan espinoso y tan de actualidad como este, muchos y muchas pondrán en cuestión lo que la ciencia afirma.

¿Y qué es lo que la ciencia nos está diciendo y cada vez con mayor claridad? Y bien, la ciencia nos dice que hombres y mujeres difieren notablemente en algunos importantes aspectos de la personalidad, lo que no quiere decir ni que todos los hombres sean iguales, ni que tampoco lo sean todas las mujeres.

Con el objetivo de intentar explicar mejor lo que los últimos estudios científicos sobre la personalidad de hombres y mujeres han logrado para alcanzar esta conclusión, me vas a permitir que utilice una analogía. Imaginemos que los científicos intentan determinar si existen diferencias notables entre los rostros de hombres y mujeres. Varios equipos de investigación se ponen manos a la obra. Uno de ellos intenta determinar si existen diferencias en la anchura de la nariz; otro determina la distancia media entre los ojos; aún otro estudia la anchura del rostro a la altura de los pómulos; finalmente, otro combina varias de estas medidas para intentar determinar si existe un espacio en el que encajan mejor los rostros de los hombres y otro espacio en el que encajan mejor los rostros de las mujeres. Este último es el que da con la mejor solución, ya que analizando simultáneamente varias de las particularidades de rostros desnudos (carentes de cabello, de barba y de signos tales como pendientes, labios pintados, etc.) es capaz de determinar con un 95% de precisión si un rostro desconocido pertenece a un hombre o a una mujer. Esta capacidad de predicción solo sería posible si realmente existen diferencias notables entre la mayoría de los rostros de los hombres y la mayoría de los rostros de las mujeres, lo que no quiere decir que todos los rostros de los hombres sean iguales ni que todos los rostros de las mujeres tampoco lo sean.

PREDICCIONES PERSONALES

Y bien, la capacidad de predecir con un 95% de precisión si un rostro pertenece a un hombre o a una mujer es lo que un ser humano medio es capaz de hacer. En otras palabras, las diferencias medias entre los rostros de hombres y mujeres son tan importantes que simplemente contemplando un rostro desnudo los humanos podemos determinar con ese nivel de precisión el sexo del propietario o propietaria de ese rostro.

La cuestión que se abre ahora es si al menos los científicos expertos en psicología, elaborando determinados instrumentos de medida basados en cuestionarios y pruebas, podrían determinar las diferentes dimensiones de los diversos rasgos que definen la personalidad humana. Entre estos rasgos podemos mencionar la asertividad, la meticulosidad, la simpatía, la emotividad, el neuroticismo, etc. Cada uno de estos rasgos tiene una dimensión, un valor.

Combinando las dimensiones de varios rasgos, sean estos físicos o psicológicos (de ligero a intenso), los científicos han definido un valor métrico al que han denominado D. Este valor da una idea de lo diferentes que son dos grupos entre sí, bien en las dimensiones físicas de los distintos rasgos faciales, bien en las dimensiones psicológicas de los distintos rasgos de la personalidad. Este valor métrico permite también tener en cuenta cómo los diferentes rasgos de la personalidad están relacionados entre sí en la población en general, ya que, al igual que los rasgos faciales, los rasgos de la personalidad pueden tomar valores que dependen unos de otros. De igual manera que es improbable tener un rostro ancho y una boca estrecha, ciertos rasgos de la personalidad pueden ser también más o menos compatibles entre sí.

Recientemente, cuatro estudios científicos han utilizado la determinación del valor de D para intentar comprobar si existen diferencias claras de personalidad entre hombres y mujeres, estudiando a miles de personas de cada sexo. Los cuatro estudios han alcanzado idéntica conclusión: que existen importantes diferencias. Las diferencias son, de hecho, tan notables que conociendo solo el valor de D calculado para una persona se puede predecir con un 85% de precisión si esta es un hombre o es una mujer. No es una precisión tan alta como la que se consigue analizando un rostro, pero es una precisión lo suficientemente elevada como para poder concluir sin muchas dudas que hombres y mujeres, por termino medio, difieren de manera significativa en sus rasgos de personalidad, como también difieren en los rasgos de sus rostros.

Esta conclusión no será tal vez del agrado de muchos y muchas, pero no tiene por qué preocupar a nadie. No es nunca el conocimiento de un fenómeno lo que es bueno o malo, sino lo que decidimos hacer con ese conocimiento. Negar que existen diferencias de personalidad entre hombres y mujeres parece ser hoy negar la realidad que nos desvela la ciencia más avanzada y colocar así a ambos sexos, y a todos los géneros, frente a unas expectativas de igualdad que no se ajustan a cómo somos realmente los humanos. En este sentido, el conocimiento adquirido sobre nuestras diferencias puede ser usado, en lugar de para criticarlas, aumentarlas o mantenerlas, para aumentar, en cambio, la tolerancia y para aceptarnos unos a otros tal como somos, con nuestros defectos, nuestras virtudes, y nuestros sesgos de personalidad, condicionados por el sexo y el género que nos ha tocado vivir.

Referencia: Scott Barry Kaufman. Taking sex differences in personality seriously. *Scientific American Mind*. Marzo-abril 2020. Pp 19.

Jorge Laborda 22 de marzo de 2020

¿PUEDE AFIRMARSE QUE EL CORONAVIRUS NO ES UN PRODUCTO HUMANO?

Desde el inicio de la epidemia de COVID-19, en Wuhan, China, se levantó el supuesto bulo de que el virus podría ser resultado de una manipulación genética, en lugar de ser resultado de un proceso de evolución natural. El pasado 17 de marzo, un grupo de investigadores publicaba en la prestigiosa revista *Nature Medicine* los resultados de su análisis comparativo de los genomas de los siete coronavirus capaces de infectar a la especie humana, incluido el nuevo virus denominado SARS-CoV-2. Los autores concluían que, probablemente, el origen del virus era completamente natural, aduciendo para ello dos razones.

La primera es que la proteína que el virus utiliza como llave para penetrar en las células e infectarlas no parecía ser la óptima, es decir, la que, según ellos, un grupo de científicos brillantes, pero malévolos, hubiera diseñado para generar un virus como arma biológica. La segunda razón, afirman los autores, es que el genoma del virus carece de signo alguno que indique que se han utilizado las herramientas moleculares de las que se dispone para diseñarlo.

Quiero insistir en que los autores del artículo no afirman que han probado que el virus tiene un origen natural; solo afirman que *probablemente* su origen es natural. Esto es muy importante, porque la ciencia, si no nos puede demostrar matemáticamente la verdad (salvo las propias matemáticas), sí puede acercarnos a la verdad más probable. Obviamente, para acercarnos a esa verdad es necesario considerar todos los hechos, o al menos todos los que uno pueda recoger. Y bien, los autores del estudio, en mi opinión, no lo hacen.

PARA LA REFLEXIÓN

Desde el punto de vista científico, los autores no mencionan el hecho de que la eficiencia infectiva de un virus no depende exclusivamente de la eficiencia de su llave para penetrar en las células, sino también de la eficiencia de otras proteínas. Al igual que, como seguramente hemos comprobado, puede haber llaves que entren en una cerradura perfectamente, pero no la abran, es decir, no funcionen, e incluso es posible que la llave que no abra entre más suave en la cerradura que la que puede abrirla, lo mismo puede ocurrir con los virus. Esto quiere decir que, aunque la llave del virus pueda no ser la óptima para entrar en la cerradura, el conjunto de elementos del virus sí sea el óptimo para abrir la puerta, es decir, para reproducirse en el interior de la célula infectada. Insisto, que la llave no sea la óptima posible no quiere decir que el virus, en su conjunto, no lo sea. De hecho, los autores del artículo también mencionan que el nuevo virus SARS-CoV-2 posee ciertas características moleculares únicas que pueden hacerlo más infeccioso que otros coronavirus.

Lo anterior no quiere decir en absoluto que el virus haya podido ser diseñado siguiendo una estrategia global, ya que la segunda razón que aducen los investigadores indica que, probablemente, no lo ha sido. Sin embargo, para generar un nuevo virus infeccioso y peligroso no es necesario diseñarlo, basta con dirigir su evolución.

Cada año, para fabricar vacunas, se generan y seleccionan virus de la gripe atenuados, que son menos virulentos que el virus original porque se les fuerza a reproducirse en células embrionarias de pollo. Pues bien, al igual que se hacen virus atenuados por mutación y selección, se podrían generar virus virulentos por el mismo procedimiento, simplemente seleccionando los mutantes que mejor infecten y se reproduzcan en células humanas. Uno puede imaginar que en un laboratorio de alta seguridad se puedan hacer crecer en cultivo con células humanas varios coronavirus de murciélago al mismo tiempo y analizar si se producen recombinantes o mutantes virulentos para dichas células. Hablo de virus de murciélago porque los autores del mencionado artículo también indican que SARS-CoV-2 es un 96% similar al coronavirus RaTG13, que infecta al murciélago *Rhinolophus affinis,* común en China central.

Pero no vayamos a creer que este tipo de investigaciones persigue el objetivo bioterrorista de generar un virus patógeno o peligroso. Al contrario, puede perseguir el loable objetivo de estudiar los mecanismos por los que los coronavirus de murciélago, que originaron la epidemia de SARS (síndrome respiratorio agudo y severo) de 2002 y otras epidemias de coronavirus anteriores a la actual, pueden mezclar sus genomas, o mutar, y generar así virus patógenos para nosotros. Es más, este tipo de investigaciones podría permitir adelantarse a pandemias como la que vivimos y generar vacunas para evitarlas antes incluso de que las pandemias puedan producirse. Sin embargo, si uno de estos virus escapara de las instalaciones de seguridad, no se podría saber si su origen es natural o artificial, porque nadie ha manipulado al virus. Solo se ha permitido que se generen virus al azar, un proceso idéntico a nivel molecular al que sucede en la naturaleza con los coronavirus que infectan a diferentes especies de murciélagos y otros animales con los que estos conviven.

Origen científico de un bulo

Si lo que digo no es suficiente para suscitar alguna duda razonable, quizá debamos considerar lo publicado por la revista *Nature*, en 2017, con motivo de la puesta en marcha de una instalación de bioseguridad cerca de la ciudad de Wuhan, China. Científicos de varias partes del mundo expresaron su preocupación sobre que los científicos chinos fueran capaces de contener la salida al exterior de los peligrosos microorganismos con los que se iba a trabajar en esas instalaciones, entre ellos, como no, los coronavirus relacionados con el SARS. Para mayor preocupación, resulta que estos coronavirus ni siquiera iban a ser investigados en los laboratorios del máximo nivel de seguridad posible, sino en laboratorios de un nivel de seguridad inferior. La preocupación era real, porque, indicaba el artículo, una instalación en Japón inaugurada en 1981 no fue capaz de ponerse a funcionar al máximo nivel de bioseguridad ¡hasta 2015!, cuando se pudo corregir todas las deficiencias. ¿Quizá fue la revista *Nature* la que dio origen al bulo del posible origen humano del virus SARS-CoV-2?

Otra consideración desde el punto de vista científico, que no niega la posibilidad de que el virus SARS-CoV-2 pueda haber sido originado con intervención humana, es que, por lo que se sabe, desde el paciente cero, el primero que, supuestamente, se contagió desde un animal probablemente en un mercado de Wuhan, el virus se ha transmitido de persona a persona con rapidez, lo que se cree es una situación bastante improbable si el virus proviene de un animal. Obviamente, si el virus hubiera sido generado de la forma explicada arriba y hubiera escapado por accidente, o intencionadamente (por ejemplo, algún loco como, recordemos, aquel copiloto alemán, Andreas Lubitz, que estrelló un avión en 2015 con él dentro, lo hubiera sacado del laboratorio), esto explicaría por qué desde el primer momento el contagio entre personas ha sido tan fácil. Desde mi punto de vista, la facilidad con la que SARS-CoV-2 se contagia apoya la idea, pero no la prueba, de que el virus ha podido ser seleccionado artificialmente en un laboratorio para infectar a células humanas.

No obstante, dicho lo anterior, tenemos que concluir que carecemos de pruebas genéticas para poder afirmar taxativamente que el virus fue generado mediante intervención humana, pero también carecemos de pruebas para afirmar taxativamente que no lo fue. En mi humilde opinión, es este un asunto que tal vez no se sabrá nunca con certeza. Que cada uno saque sus propias conclusiones, pero, por favor, no aquellas que prefiera creer, sino solo las que la evidencia permita. En otras palabras: por el momento, ninguna.

Referencias:
(1) https://www.nature.com/articles/s41591-020-0820-9;
(2) https://www.nature.com/news/inside-the-chinese-lab-poised-to-study-world-s-most-dangerous-pathogens-1.21487

Jorge Laborda, 29 de marzo de 2019

REAJUSTANDO LA FIEBRE DEL SÁBADO NOCHE (Y DEL RESTO DE LOS DÍAS)

Aprendí cuál era la temperatura normal del cuerpo humano cuando será solo un niño. El valor normal de la temperatura corporal, me dijeron entonces, era 37°C. Como sucede a casi todos los niños, el dato fue aceptado sin mucho cuestionamiento, ya que provenía de una persona mayor, aunque recuerdo pensar, para conformarme, que seguramente alguien lo habría medido en muchas personas y habría llegado a esa conclusión.

En efecto, como he averiguado solo ahora, ese alguien no era otro que el médico alemán Carl Reinhold August Wunderlich, quien, en 1851, obtuvo millones de mediciones de temperatura corporal en las axilas de 25.000 pacientes (cuando ya no estaban enfermos). El análisis de los datos le permitió concluir que la temperatura media normal del cuerpo humano era de 37°C.

Este valor fue aceptado sin mucha controversia por la comunidad médica durante más de un siglo. Sin embargo, los datos recopilados en estudios más modernos, y analizados en 2002, indican que la temperatura media corporal es menor. Un estudio aún más reciente, realizado en 2016 en el Reino Unido con 35.000 personas a las que se realizó más de 250.000 medidas de temperatura bucal, determinó que la temperatura media era de 36,6°C.

Para explicar estas diferencias existen dos posibilidades. O bien las medidas iniciales de Wunderlich eran incorrectas, o bien la temperatura media del cuerpo humano ha disminuido desde aquellos tiempos hasta los tiempos modernos. Lo más probable parece ser, a primera vista, que Wunderlich pudo equivocarse, al no disponer de termómetros tan bien calibrados ni precisos como los actuales, ni de herramientas de análisis de datos tan poderosas como los modernos ordenadores. Sin embargo, es también posible que los datos adquiridos por Wunderlich estén sesgados por otras razones, como, por ejemplo, que la esperanza de vida por aquellos años era de solo 38 años y la población sufría con mayor frecuencia de infecciones crónicas subyacentes, como la tuberculosis, la sífilis o la periodontitis, que podían causar febrículas. ¿Cuál es entonces la razón de la discrepancia entre la temperatura corporal determinada en el siglo XIX y la determinada en el siglo XXI? Era necesario realizar estudios adicionales para estar seguros.

Y estos estudios han sido llevados a cabo por un grupo de científicos de la Universidad de Stanford, en California. Los investigadores analizan tres conjuntos de datos recolectados en Estados Unidos en tres momentos de su historia. El primero de ellos consiste en 83.900 medidas de temperatura corporal recolectadas entre 1862 y 1930 a soldados veteranos de la Guerra Civil estadounidense, que eran solo hombres por aquella época. La muestra carece, por consiguiente, de medidas realizadas a mujer alguna. El segundo conjunto de datos consiste en 15.301 determinaciones de temperatura recogidas en un estudio clínico sobre salud y nutrición entre 1971 y 1975. Por último, el tercer conjunto de datos consiste en 578.222 medidas recogidas entre 2007 y 2017 e incorporadas en una base de datos de la Universidad de Stanford. Los tres grupos poseen un numero de medidas suficientemente alto como para poder determinar los valores medios de temperatura y el rango de dispersión de estos en la población con mucha precisión.

Nos hemos enfriado

El análisis de esos tres grupos de datos revela el sorprendente hecho de que la temperatura media del cuerpo humano ha disminuido progresivamente desde 1851 a 2017. Esta pasmosa conclusión se ve avalada por el hecho de que la temperatura media corporal también disminuye año a año en los datos recogidos entre 1971 y 1975 y también en los recogidos entre 2007 y 2017. Un análisis cuidadoso de los datos recogidos entre 1862 y 1930 indica que cada año la temperatura corporal también disminuía una pequeña cantidad ya en aquella época. Esta disminución no parece pues ser debida a la diferente precisión o instrumentos con los que se ha medido la temperatura corporal a lo largo de la historia, o a problemas técnicos o metodológicos, sino que parece ser un fenómeno real.

Los autores de este estudio indican que la disminución paulatina de la temperatura corporal a lo largo de la historia reciente no es solo una curiosidad sin importancia, porque la temperatura corporal es un valor relacionado con la tasa metabólica, la cual aumenta en el caso de infecciones crónicas y está relacionada con la longevidad. A mayor tasa metabólica, menor longevidad. Por tanto, la disminución paulatina de la temperatura corporal que ha sucedido por más de un siglo está directamente relacionada con el aumento de la esperanza de vida y la longevidad humanas.

¿Cuál es la causa de esta paulatina disminución de la temperatura corporal? Las principales explicaciones propuestas por los autores son dos. La primera es que las infecciones crónicas sufridas por la población han disminuido gradualmente, lo que ha conseguido también disminuir la tasa metabólica media. Esta idea se ve apoyada por estudios realizados a poblaciones aborígenes que sufren hoy un nivel de infecciones crónicas superior a los de las poblaciones más desarrolladas. Este nivel de infecciones crónicas causa hasta un 10% de incremento en la tasa metabólica, un incremento debido a la necesidad de dedicar energía a defenderse de los microrganismos infecciosos.

La segunda explicación propuesta por los autores de este estudio es que en el último siglo hemos ido aumentando nuestra protección frente a variaciones de temperatura propias del medo ambiente. Vivimos y trabajamos en entornos de temperatura cada vez más controlada y constante, que hace innecesario modular el metabolismo drásticamente para luchar contra el frío, o contra el calor excesivo.

Una última explicación, esta no propuesta por los autores, sino por otros científicos, es la disminución de la actividad física cotidiana, asociada a trabajos más sedentarios, que también se ha producido de manera paulatina. La actividad física puede generar un aumento de temperatura corporal que puede durar hasta unas horas tras terminar de realizarla.

Sea como sea, nuestra temperatura corporal ha bajado a lo largo de las últimas décadas. Este hecho sugiere, sin duda, que el cambio que hemos generado en nuestro entorno ha afectado también a nuestra propia fisiología, en principio para bien. La fiebre del sábado noche ya no es lo que era, pero resulta también que además de un periodo de calentamiento global, hemos vivido un periodo de enfriamiento corporal. ¡Quién lo hubiera sospechado!

Referencia: Protsiv et al. eLife 2020; 9: e49555. DOI: https://doi.org/10.7554/eLife.49555

Jorge Laborda, 5 de abril de 2020

¿Puede Facebook predecir tu estado de salud?

Es probable que el siglo XXI sea definido en los libros de historia, además de como el siglo del coronavirus, como el siglo en el que nacieron las redes sociales. Miles de millones de personas andan hoy enredadas, obviamente, en las diversas redes, dedicando a ellas una cantidad de tiempo, esfuerzo y energía emocional jamás vista en la historia de la Humanidad. Entre el cine, la televisión, los videojuegos y las redes sociales, las horas que la Humanidad ha dedicado a las pantallas son incontables.

Sin embargo, a pesar del tiempo dedicado a memes supuestamente insustanciales que se repiten una y otra vez infectando nuestras mentes, vulnerables a ellos como si de coronavirus digitales se tratara, la información que cada uno de nosotros hemos dejado en las redes sociales constituye una impresionante mina de datos que, bien analizados, pueden proporcionar importante información. Hace algunos meses, se publicó una noticia que afirmaba que Facebook conoce más sobre sus usuarios que la CIA. Anteriormente, algunos estudios habían mostrado que tan solo mediante el análisis de los *likes* emitidos, Facebook podía determinar nuestra personalidad con mayor exactitud que nuestra propia pareja. No sé si esto indica el potencial de Facebook para conocernos o nuestra incapacidad y la de nuestras parejas para conseguirlo. Sea como sea, el poder de Facebook no deja de ser sorprendente.

La situación es aún más grave, porque la información que cedemos a Facebook para la posteridad es mayor de la que suponemos. La razón es que no solo aportamos información a Facebook al escribir una entrada o al hacer clic sobre las entradas de nuestros amigos para decir si nos gustan o no. El estilo del lenguaje que usamos en cada una de las entradas que podamos elaborar contiene también información valiosa que puede ser extraída y utilizada. En particular, el estilo del lenguaje contiene información sobre nuestro estado de salud, probablemente incluso antes de que seamos conscientes de cuál es ese estado.

PREDICIENDO EL FUTURO DE TU SALUD

Resulta que la información que comunicamos a Facebook, bien analizada, es capaz de predecir si acabaremos en urgencias en el hospital o no con meses de antelación. Esto es lo que han descubierto un grupo de ingenieros informáticos y científicos de datos, que han utilizado la inteligencia artificial para analizar la variación a lo largo del tiempo del estilo del lenguaje y del vocabulario utilizado en Facebook y han cotejado estas variaciones con la historia clínica de 2.915 pacientes que consintieron ceder sus datos clínicos y, por supuesto, acceder a su historial de Facebook.

De esos pacientes, 419 necesitaron acudir a urgencias por diversos problemas, desde un embarazo a un infarto de miocardio. Las entradas de Facebook de esos pacientes hasta dos meses y medio antes de su visita a urgencias fueron analizadas con un programa de inteligencia artificial desarrollado por los investigadores. Este programa era capaz, una vez entrenado, de detectar cambios muy sutiles en el estilo del lenguaje empleado por cada paciente, así como cambios en la frecuencia de utilización de ciertas palabras que, por ejemplo, están asociadas al estado de ánimo de las personas, y que estas pueden usar incluso sin ser conscientes de ello.

Un hecho revelado por el análisis realizado por este programa de inteligencia artificial es que, a medida que la fecha de su visita a urgencias se acercaba, aunque en esos momentos los participantes no sabían aún cuál iba a ser esa fecha, las entradas en Facebook aumentaban la frecuencia con la que los participantes abordaban temas de salud o temas relacionados con su familia. Al mismo tiempo, los participantes incrementaron la frecuencia de uso de palabras que reflejaban un estado de ansiedad o de preocupación y disminuyeron el empleo de palabras propias de un estilo de lenguaje informal. Esta asociación entre un aumento de palabras que reflejaban ansiedad y una disminución del lenguaje informal sucedió en la gran mayoría de los casos.

El análisis realizado reveló, además, que pocos días antes de acudir a urgencias el lenguaje utilizado por los participantes cambió de manera significativa. Durante esos días, los participantes evitaron hablar de temas de ocio, lo que quedó reflejado por el hecho de que el empleo de palabras como "jugar", "divertido" o "gracioso" disminuyó de manera notable. Estos estudios confirman otros estudios previos, realizados por los mismos investigadores, que revelaron que era posible averiguar que los miembros de Facebook iban a sufrir una depresión con alrededor de tres meses de antelación al diagnóstico médico de esta enfermedad mental.

El objetivo de estas investigaciones es intentar conseguir datos que, además de los ya existentes en el ámbito de la medicina, permitan predecir con mayor precisión y suficiente antelación las necesidades sanitarias de la población para poder atenderlas con mejores garantías. Sin embargo, el estilo del lenguaje introducido en Facebook podría ocultar otra clase de datos sobre nosotros y, bien analizado, ese lenguaje podría revelar información que deseamos mantener oculta. Por ejemplo, el estilo del leguaje podría revelar, sin nosotros quererlo, no solo el estado de salud, sino si estamos planeando o no separarnos de nuestra pareja meses antes de que la separación suceda.

Como sucede con las nuevas herramientas que la tecnología va poniendo a nuestra disposición, el análisis informático del lenguaje podrá ser utilizado para incrementar el bien común, pero es también posible que sea empleado para incrementar el bien de algún particular a costa del bien común. No puedo evitar rememorar esa imborrable escena de la película 2001 una Odisea del Espacio en la que uno de nuestros ancestros descubre que un gran hueso puede ser usado como un arma poderosa, y ese nuevo poder lo coloca por encima de los demás animales. Las nuevas herramientas de inteligencia artificial proporcionan también un gran y nuevo poder que puede situar a algunas personas por encima de otras o, al contrario, puede ser utilizado para incrementar la igualdad entre todos y el bienestar de la Humanidad. Veremos.

Referencia: Sharath C handra Guntuku et al. (2020). Variability in Language used on Social Media prior to Hospital Visits. Scientific Reports | https://www.nature.com/articles/s41598-020-60750-8

Jorge Laborda, 12 de abril de 2020

ANTICUERPOS Y EL CORONAVIRUS SARS-CoV-2

La epidemia de COVID-19 causada por el coronavirus SARS-CoV-2 tal vez esté teniendo el efecto de aumentar el interés por cómo nuestro sistema inmunitario reacciona para luchar contra este microorganismo. Las diferencias entre las personas respecto de la gravedad de esta infección son sorprendentes. Mientras algunos, normalmente jóvenes, pero también personas de cierta edad han podido contagiarse sin sufrir ningún síntoma, otros han perecido por causa de esta infección.

Los detalles del por qué de estas diferencias no son conocidos, pero sin duda están relacionados con el funcionamiento del sistema inmunitario de cada cual. Qué tipo de genes del sistema inmunitario hemos heredado y cuál es su estado de funcionamiento son factores importantes que pueden determinar si sobreviviremos o no a la enfermedad. Otro factor es la edad. Al igual que las personas mayores corren, en general, a menor velocidad que los jóvenes, algo similar puede suceder con la respuesta dada por el sistema inmunitario frente a la infección por SARS-CoV-2. Esta respuesta puede ser muy eficaz y rápida y detener la infección en sus inicios o, al contrario, ser ineficaz y no poder detenerla sino hasta que esta ha causado ya una enfermedad grave. Estas diferencias son determinantes.

Probablemente, la idea que tengamos sobre cómo la infección por este virus es combatida por nuestro sistema inmunitario contemple que este termina invariablemente generando anticuerpos que neutralizan al virus. Estos anticuerpos actuarían uniéndose a él e impidiendo que este se una a su vez a la proteína de las células que necesita para penetrar en ellas e infectarlas. Sin embargo, datos publicados recientemente por investigadores de la Universidad de Shanghai, en China, indican que esto no es cierto.

Los investigadores estudiaron a 175 pacientes de COVID-19, que solo sufrieron síntomas leves y se recuperaron sin problemas de la infección, y analizaron si su sangre contenía anticuerpos contra la proteína del virus necesaria para que este se una a las células y las infecte. Esta proteína se llama proteína S (del inglés *spike*, espiga) y forma parte de la corona externa de este y otros coronavirus, entre los que se encuentran el SARS-CoV-1, causante de la epidemia de SARS en 2002-2003, y el MERS-CoV, causante de otro brote epidémico en Oriente Medio en 2012.

DIFERENCIAS DE EDAD

Los resultados de este estudio indicaron que, en esos pacientes, los anticuerpos contra la proteína S aparecían en la sangre de 10 a 15 días tras el inicio de la infección. Sin embargo, los pacientes de más edad generaron niveles de anticuerpos significativamente más altos que los pacientes más jóvenes. De hecho, 10 de los pacientes de menor edad carecieron de anticuerpos detectables, a pesar de haber superado sin problemas la enfermedad.

¿A qué pueden ser debidas estas diferencias? Un fenómeno que no siempre es considerado en la lucha del sistema inmunitario contra las infecciones es que, en ocasiones, este es capaz de controlar una infección antes de que los linfocitos encargados de producir los anticuerpos, los llamados linfocitos B, detecten al enemigo. Si los linfocitos B no detectan moléculas del microorganismo en cantidad suficiente, estos no reaccionan contra él generando anticuerpos. Si el sistema inmunitario innato, el que primero reacciona contra las infecciones de cualquier tipo, es capaz de eliminar la infección antes de que esta progrese demasiado, los linfocitos B no podrán detectar moléculas extrañas del virus y no producirán anticuerpos contra él.

Que sean los pacientes más jóvenes los que menos anticuerpos producen podría indicar que el sistema inmunitario innato de los jóvenes es más eficaz que el de las personas de mayor edad y, en muchas ocasiones, puede ser suficiente para detener la infección por completo en sus inicios e impedir la generación de anticuerpos. Las personas más mayores, en general, ya no dispondrían de un sistema inmunitario innato tan eficaz y necesitarían de la puesta en marcha del sistema inmunitario adaptativo, que permite la generación de anticuerpos, para acabar con la infección. Aquellas que no dispongan tampoco de un buen sistema inmune adaptativo, por desgracia, probablemente sucumbirán a la infección a menos que esta pueda ser tratada clínicamente.

Estos datos sugieren que muchas personas jóvenes que han superado la enfermedad sin síntomas darán un resultado negativo en las pruebas que utilizan la detección de anticuerpos contra el coronavirus para determinar si se ha sufrido la enfermedad. Habrá que tener esto en cuenta para estimar cuántas personas en realidad han superado la enfermedad y cuántas, por tanto, pueden ser inmunes de una manera u otra a ella. Conocer esto en los distintos países es importante para decidir las medidas que permitan terminar paulatinamente con el confinamiento y para estimar la probabilidad de rebrotes de la enfermedad.

Los investigadores revelan, igualmente, que los anticuerpos generados contra el virus SARS-CoV-2 no son eficaces para neutralizar al virus SARS-CoV-1. Esto ha sido corroborado en otro estudio reciente, en el que los investigadores desvelan que la proteína S del virus SARS-CoV-2 se une a la proteína celular que también usan los virus SARS-CoV-1 y MERS-CoV para infectar a las células con más fuerza que la proteína S de estos. Además, los científicos comprueban que un conjunto diverso de anticuerpos, capaces de neutralizar e impedir la infección de estos dos últimos virus, no son eficaces para impedir la infección del virus SARS-CoV-2.

Estos datos, en mi opinión, no son buenas noticias. En primer lugar, indican que SARS-CoV-2 es un virus bastante eficaz a la hora de infectar a las células. En segundo lugar, indican que la proteína S puede variar de manera importante para escapar de la actividad de los anticuerpos, lo que permite imaginar la generación de mutantes de SARS-CoV-2 que podrán infectar de nuevo incluso a quienes hayan superado la enfermedad y hayan generado anticuerpos contra una primera variante del virus, y también a quienes hayan sido vacunados, una vez la vacuna esté disponible.

No obstante, todavía tenemos mucho que aprender sobre este nuevo virus y ese conocimiento resultará casi con seguridad, un arma eficaz contra él.

Referencias:
(1) Wang et al., Structural and Functional Basis of SARS-CoV-2 Entry by Using Human ACE2, *Cell* (2020), https://doi.org/10.1016/j.cell.2020.03.045
(2) Fan Wu et al. (2020). Neutralizing antibody responses to SARS-CoV-2 in a COVID-19 recovered patient cohort and their implications. https://doi.org/10.1101/2020.03.30.20047365.

Jorge Laborda,19 de abril de 2020

Tiempos de cálida Antártida

Aún recuerdo cuando aprendí, en clase de ciencias naturales de quinto curso de bachillerato, que nuestro planeta no había sido siempre igual a como hoy aparece en los mapas. En un pasado muy remoto, todos los continentes estaban unidos en uno solo, enorme, llamado Pangea (del griego, *pan*, todo, y *gea*, tierra). Todos los océanos no eran también sino uno solo, gigantesco, llamado Pantalasa (*talassa* es la palabra griega que significa mar). Era extraordinario. Y extraordinario era también que alguien hubiera podido averiguar eso y nos lo contara. Desde luego, al menos para mí, eso era también emocionante.

El conocimiento acumulado desde aquellos años hasta ahora no ha hecho sino confirmar la existencia de ese continente ancestral, que se mantuvo así desde hace unos 335 hasta hace unos 175 millones de años. A partir de ese momento, Pangea comenzó a fracturarse en los fragmentos que hoy forman los actuales continentes.

Uno de esos continentes es, por supuesto, la Antártida. Cuando formaba parte de Pangea, la Antártida no se encontraba tan al sur del planeta como en la actualidad. El polo sur se situaba cerca de los límites del continente, y no en su interior, próximo a su centro, como se encuentra ahora. Esto quiere decir, que desde hace unos 175 millones de años, la deriva de la Antártida hacia el sur ha ido paulatinamente enfriando al continente y convirtiéndolo en el más helado del planeta. Esta deriva la Antártida no la comenzó sola, ya que inicialmente estaba unida a Australia. Por esta razón, en aquellos tiempos, de clima más cálido en la Antártida, este continente contaba con una fauna y una flora similar a la de Australia e incluso varias especies de mamíferos marsupiales habitaban en él.

La investigación sobre la Antártida continúa, ya que el continente alberga aún muchos secretos, algunos de los cuales pueden ayudarnos a comprender las consecuencias del cambio climático que estamos experimentando en tiempo real. Hace unas semanas, un equipo de investigadores británicos y alemanes que lleva un tiempo investigando la geología y evolución de este continente ha realizado un importante descubrimiento que han publicado en la revista *Nature*.

Se trata, nada menos, que de la identificación de los restos fósiles de un gran bosque húmedo que hace unos 90 millones de años se encontraba situado en el continente antártico, cerca de lo que hoy es el polo sur. Los restos fósiles de ese bosque pertenecen, por tanto, al cretácico medio, un periodo geológico que se estima se extendió desde el final del Jurásico hace 145 millones de años hasta hace unos 66 millones de años, es decir, hasta la extinción de los dinosaurios.

El cretácico medio es considerado el periodo más cálido de la Tierra del que se cuenta con evidencias geológicas. Se cree que el nivel de los océanos era entonces unos 170 metros más elevado que el actual, y la temperatura media en los trópicos alcanzaba los 35°C, cuando hoy solo supera por poco los 18°C.

RAÍCES Y FLORES

La primera evidencia de la existencia de un bosque húmedo encontrada por los investigadores fue en 2017, a partir de las extracciones realizadas en el lecho marino del Mar de Admunsen, localizado al oeste del continente, cerca de la desembocadura del glaciar Pine Island. Es este el glaciar que más rápidamente se está fundiendo debido al calentamiento global y al que se debe el 25% de la pérdida de hielo en el continente antártico.

Los investigadores extrajeron los llamados núcleos de sedimentos. Estos son secciones cilíndricas extraídas mediante perforación con tubos diseñados para esta labor de las zonas sedimentadas que se han ido formando durante millones de años en diferentes partes del planeta. La parte más profunda del núcleo de sedimentos es la más antigua, y la menos profunda, la más moderna. El análisis de la composición de los materiales y restos de los núcleos a distintas profundidades proporciona una idea de lo sucedido a lo largo de la historia geológica en la zona del planeta en donde se realiza la extracción.

Durante los análisis preliminares de los núcleos de sedimentos extraídos, los investigadores identificaron una zona claramente diferente por su coloración de las zonas inmediatamente encima y debajo de esta. Esto atrajo la atención de los investigadores, que decidieron analizar con mayor detalle la composición de esa zona del núcleo de sedimentos.

Los científicos utilizaron la técnica de tomografía computarizada, también utilizada en la adquisición de imágenes médicas con fines diagnósticos. El análisis reveló una intrincada red de restos de raíces, polen, esporas, flores... Los científicos pudieron incluso identificar estructuras propias de las células de las plantas.

Estos datos indican que la costa oeste de la Antártida fue, hace 90 millones de años, mucho más cálida que hoy y albergaba un bosque de naturaleza similar a los que en la actualidad pueblan Nueva Zelanda. Otros análisis permitieron determinar que la temperatura media de esa zona, situada entonces a solo unos 800 km al norte del polo sur, era de unos 12°C, mucho más elevada que la temperatura actual de una zona a similar distancia del polo sur. Los análisis revelan también que esa alta temperatura era debida al elevadísimo contenido en CO_2 de la atmósfera. Mientras estudios anteriores habían determinado que el contenido de CO_2 era de unas 1.000 partes por millón (ppm, que hay que comparar a las 415 ppm actuales), los autores de este trabajo indican que era aún mas elevada, de unas 1.120 a 1.680 ppm.

Estos estudios muestran la enorme potencia del CO_2 para calentar el planeta. Es claro hoy que si este gas se acumula en la atmósfera en una cantidad suficiente podría llegar incluso a fundir todo el hielo de la Antártida. Los científicos se proponen también estudiar qué es lo que causó el dramático enfriamiento del planeta que acabó por congelar al continente antártico.

Referencia: Johann P. Klages et al. Temperate rainforests near the South Pole during peak Cretaceous warmth. *Nature*, volume 580, pg 81–86(2020). https://www.nature.com/articles/s41586-020-2148-5

Jorge Laborda, 26 de abril de 2020

TRAYECTORIA DE COLISIÓN

Algunos se preguntan por qué no se han detectado aún otras civilizaciones en nuestra galaxia. Una posibilidad es que las civilizaciones sean muy efímeras, es decir, una vez surgen y alcanzan un nivel tecnológico elevado mueren en unas pocas décadas o siglos. Esto podría ser debido a lo que yo llamo la incompatibilidad evolutiva. El cerebro, necesario para albergar algunas inteligencias suficientes como para desarrollar una civilización, ha evolucionado por cientos de millones de años bajo condiciones completamente diferentes a las que la civilización le enfrenta. De ahí la incompatibilidad. El propio desarrollo de la civilización conduciría a un cerebro inadaptado a cometer actos o tomar decisiones colectivas incompartibles con el mantenimiento de esa civilización por mucho tiempo.

Traigo esto a colación porque, probablemente, no todas las civilizaciones del universo (si hay alguna más ahí fuera) han alcanzado el nivel de desarrollo suficiente como para conocer los posibles riesgos que podrían destruirlas. Nuestra civilización, en cambio, es una de esas afortunadas. Nuestro desarrollo científico ha permitido descubrir amenazas que han estado ocultas hasta hace menos de un suspiro en términos evolutivos. Sabemos hoy de la existencia de microrganismos que pueden causar pandemias como la que vivimos. Sabemos del riesgo que para la civilización supone el calentamiento global, generado por ella misma. Sabemos también de la posibilidad de que un asteroide colisione con la tierra y pueda, si no destruirla por completo, sí causar un cataclismo lo suficientemente importante como para retrotraernos al siglo XXI AC.

Y no solo sabemos de los riesgos, sino que incluso hemos tomado algunas importantes medidas para disminuirlos. Por ejemplo, el desarrollo de las vacunas permitió la erradicación de la viruela y es posible que consigamos pronto erradicar la polio. Aunque se han tomado medidas insuficientes, estamos empezando a luchar contra el calentamiento global y contra la contaminación y a defender la biodiversidad del planeta. La Humanidad también cuenta con centros de observación de potenciales asteroides o cometas cercanos a la Tierra que podrían colisionar con ella y causar un enorme daño.

Esta última posibilidad no es tan remota como parece y ha sucedido en el pasado. En 1908, un asteroide penetró la atmósfera y explotó a unos 5-10 km de la superficie terrestre, en la región siberiana de Tunguska. La explosión arrasó 80 millones de árboles en un área de 2.150 km cuadrados. De haber caído en una región poblada, por ejemplo, en una gran ciudad, el asteroide la habría destruido y la pérdida de vidas humanas hubiera sido enorme.

Podrá sorprender conocer que semejante destrucción fue causada por un asteroide de una talla estimada de solo entre 50 y 190 metros de longitud. Nada similar al asteroide que causó la extinción de los dinosaurios hace 66 millones de años, cuya talla se estima de entre 11 y 81 kilómetros, dependiendo de la densidad y composición del asteroide. Otros grandes impactos similares a este último han sucedido en la historia del planeta, por lo que es prácticamente seguro que alguno sucederá en el futuro, y es también seguro que muchos más impactos de menor importancia sucederán igualmente. Estos son mucho más probables, puesto que los asteroides pequeños son mucho más abundantes.

NUMEROSAS AMENAZAS

¿Cuán abundantes son? El Centro para el Estudio de Objetos Próximos de la NASA (CNEOS) catalogó el pasado mes de marzo 92 objetos que pasaron a una distancia de la tierra de entre 1 y 17 veces la distancia a la luna. Esto sugiere que cada día pasan relativamente cerca de nosotros, en términos astronómicos, entre 2 y 4 de estos objetos, por término medio. El CNEOS ha catalogado decenas de miles de estos objetos cercanos y ha calculado sus trayectorias y la probabilidad de que en el futuro alguno de los ya descubiertos colisione con nuestro planeta. Estas probabilidades oscilan de 1 en 10.000 a 1 en varios millones, pero la probabilidad no es nunca nula.

El objeto más preocupante de los detectados hasta ahora es el asteroide Apophis, de unos 370 metros de diámetro. En 2004, se estimó que este asteroide tenía una probabilidad del 2,7% de colisionar con la tierra el 13 de abril de 2029. Estimaciones más precisas, afortunadamente, eliminaron esa posibilidad, pero, desgraciadamente, descubrieron otra. Durante su paso cerca de la tierra el 13 de abril de 2029, es probable que el asteroide atraviese lo que se denomina una "cerradura gravitacional". Es esta una pequeña región en el campo gravitatorio del planeta que, al ser atravesada por un asteroide con las características orbitales de Apophis, causa que su trayectoria se modifique de manera que este colisione inevitablemente con el planeta. De pasar por esa "cerradura", el asteroide colisionaría con la Tierra exactamente 7 años más tarde, el 13 de abril de 2036. No obstante, los cálculos más recientes indican que este asteroide no colisionará con la tierra en el siglo XXI, pero habrá que observar cómo evoluciona su órbita para concluir si finalmente se alejará de nuestro planeta o colisionará con él.

Nuestra civilización sabe, por tanto, de los riesgos que corre. Sin embargo, dudo que haya alcanzado aún en su progreso otra etapa importante necesaria para su supervivencia. Esta etapa es esa en la que las civilizaciones tecnológicas hacen caso de los científicos y de la ciencia que las ha hecho posibles y las mantiene vivas, y viven de acuerdo con ella y no dándole la espalda, usándola solo cuando conviene o cuando nos dice lo que queremos oír. Es la etapa en la que la sabiduría de la mayoría de la gente ha alcanzado el nivel necesario para hacer caso a lo que la ciencia tiene que decir y reaccionar frente ello. Los científicos advirtieron repetidas veces del riesgo de una pandemia por coronavirus años antes de que esta sucediera. El mismo Bill Gates impartió hace cinco años una hoy famosa conferencia en la plataforma TED en la que advertía de que una nueva pandemia era probable y de que no estábamos preparados para ella. No se hizo el debido caso. ¿Se hará caso a tiempo cuando la ciencia advierta de que un asteroide puede impactar en nuestro planeta? Esperemos que esta pandemia sirva para hacer a la Humanidad, además de más solidaria y unida, más sabia.

Referencias:

(1)   https://cneos.jpl.nasa.gov/news/news148.html

(2)   https://www.ted.com/talks/bill_gates_the_next_outbreak_we_re_not_ready

Jorge Laborda, 3 de mayo de 2020

¿Es El Parkinson una enfermedad autoinmune?

La enfermedad de Parkinson afecta a alrededor de siete millones de personas en el mundo y causa unas 120.000 muertes cada año. El Parkinson es una enfermedad neurodegenerativa que, en las etapas más avanzadas, afecta a las neuronas motoras, la mayoría de las cuales mueren. Esto causa los problemas motores más característicos de esta enfermedad, que incluyen temblores, rigidez, lentitud de movimientos y dificultad para caminar. Sin embargo, antes de alcanzar la etapa avanzada, el Parkinson atraviesa otras dos etapas. La primera no presenta síntomas clínicos claros, aunque muestra cambios patológicos o fisiológicos. En la segunda etapa ya aparecen síntomas clínicos, pero estos no están relacionados con problemas motores. Los síntomas de esta segunda etapa incluyen el estreñimiento, problemas con el sueño, y pérdida parcial del sentido del olfato.

Se conoce desde hace décadas que los problemas motores se producen por una pérdida de las neuronas de la substancia nigra, localizadas en el mesencéfalo, una región del cerebro situada en la parte inferior del mismo. Estas neuronas producen el neurotransmisor dopamina, y se denominan dopaminérgicas. Análisis de cerebros de pacientes de Parkinson fallecidos entre 1 y 27 años tras ser diagnosticados han confirmado que el número de neuronas dopaminérgicas decrece entre un 50% y un 90% cuatro años después del diagnóstico de la enfermedad, aunque, tras ese tiempo, el número de estas neuronas ya no disminuye de manera tan rápida. Este decrecimiento implica que no se produce suficiente cantidad de dopamina para hacer funcionar correctamente a las sinapsis que dependen de este neurotransmisor, en particular a las sinapsis implicadas en el control de los movimientos.

Estas observaciones explican la presencia de las dos etapas en el desarrollo de la enfermedad arriba mencionadas. La primera etapa correspondería al decrecimiento gradual de las neuronas dopaminérgicas, que, no obstante, aún podrían producir suficiente dopamina en su conjunto, lo que evitaría la aparición de síntomas claros. Sin embargo, cuando el número de estas neuronas ha decrecido más allá de un umbral, los síntomas clínicos harían su aparición.

Detener la progresión de la enfermedad antes de que aparezcan los síntomas más graves, causados por la pérdida irreversible de las neuronas dopaminérgicas, sería una excelente posibilidad de tratamiento. Desgraciadamente, los intentos para conseguir esto no han dado frutos, y el tratamiento farmacológico actual de la enfermedad va dirigido a minimizar los efectos de la pérdida de neuronas dopaminérgicas, pero no permite impedir que estas sigan muriendo.

LOS LINFOCITOS T, PRESUNTOS CULPABLES

En este estado de cosas, la investigación para atajar esta enfermedad persigue al menos dos objetivos. El primero sería identificar marcadores, es decir, moléculas o síntomas sutiles, que permitan realizar un diagnóstico cada vez más temprano de esta enfermedad para empezar a tratarla lo antes posible. El segundo objetivo sería identificar la causa última de la muerte neuronal propia de esta enfermedad. Es conocido que factores genéticos y medioambientales afectan a su desarrollo. Por ejemplo, es más probable que un familiar cercano de un paciente de Parkinson sufra la enfermedad que la media de la población. La contaminación medioambiental también puede influir en su desarrollo. Sin embargo, decir que una enfermedad depende de factores genéticos y medioambientales es, en realidad, no decir nada, porque todas las enfermedades, todas, dependen de factores genéticos y medioambientales en mayor o menor grado unos u otros. Lo importante es, por consiguiente, no solo conocer cuáles pueden ser esos factores en concreto, sino cómo actúan sobre el organismo para causar la muerte de las neuronas dopaminérgicas, y solo de ellas y no de otro tipo de neuronas.

Una posibilidad para explicar este hecho es que la causa de la enfermedad de Parkinson sea un ataque del sistema inmunitario a ese tipo de células, y no a otro. Un ataque autoinmunitario a células concretas se produce en el caso de otras enfermedades. Tal vez la más conocida sea la diabetes mellitus de tipo I, en la que los linfocitos T citotóxicos del sistema inmunitario atacan y destruyen a las células beta del páncreas, productoras de insulina. Otras enfermedades neurológicas pueden también ser causadas por ataques del sistema inmunitario. Una de ellas es la narcolepsia, una enfermedad caracterizada por la incapacidad de regular el ciclo de vigilia y sueño. Los pacientes de narcolepsia pueden dormirse repentinamente en cualquier momento del día, y pueden permanecer dormidos desde unos pocos segundos hasta varios minutos. Es obviamente una condición muy peligrosa si acaso tu profesión es taxista, camionero o viajante.

Un grupo de investigadores ha analizado si algo similar sucede en el caso de la enfermedad de Parkinson. Los investigadores estudian a pacientes de esta enfermedad y a personas sanas y concluyen que los primeros poseen linfocitos T capaces de identificar y matar a las células productoras de la proteína llamada alfa-sinucleína. Esta proteína es producida por las neuronas dopaminérgicas, por lo que estas pueden ser eliminadas por dichos linfocitos. Curiosamente, los investigadores encuentran un paciente al que se diagnosticó de Parkinson en 2009, y que había sido donante de sangre desde 11 años atrás. Parte de su sangre había sido preservada congelada, manteniendo a las células vivas para análisis posteriores, y estaba disponible para su estudio. El análisis de las células inmunitarias de esas muestras de sangre confirmó que al principio el paciente no tenía linfocitos T capaces de identificar a la alfa-sinucleína, pero unos años antes del diagnóstico de Parkinson estos linfocitos T comenzaron a aparecer.

Estos estudios ofrecen nuevas esperanzas para el tratamiento de la enfermedad de Parkinson en sus inicios, mediante el empleo de estrategias inmunosupresoras empleadas para tratar otras enfermedades de esta clase, o en la prevención del rechazo a los trasplantes. Habrá que confiar en que pronto nuevos estudios puedan confirmar esta posibilidad, si el coronavirus lo permite.

Referencias:

(1) Cecilia S. Lindestam Arlehamn et al. (2020) α-Synuclein-specific T cell reactivity is associated with preclinical and early Parkinson's disease. https://doi.org/10.1038/s41467-020-15626-w

(2) https://jorlab.blogspot.com/2016/10/despiertan-esperanzas-para-la.html

Jorge Laborda, 10 de mayo de 2020

Retroevolución de los coronavirus

Aunque la tragedia humana y social es terrible, la emergencia del coronavirus SARS-CoV-2 plantea cuestiones científicas de primera magnitud que son extremadamente interesantes e importantes de resolver. Se suele decir que de este nuevo virus se conoce poco y que tenemos mucho que aprender. Es cierto, pero no es menos cierto que los virus que nos afectan no son nada sin nosotros. Por qué el mismo virus afecta a unas personas gravemente y no causa síntomas en otras no depende de la naturaleza del virus, sino, sobre todo, de la nuestra, de nuestra biología y de nuestras defensas. Es la ignorancia que aún tenemos sobre nosotros mismos y sobre nuestra diversidad biológica como individuos lo que convierte al virus en impredecible.

No obstante, como decíamos, aún queda mucho por averiguar de los virus en sí mismos y, en particular, del nuevo virus SARS-CoV-2. Queda mucho por averiguar incluso de otros virus de la misma familia que han saltado del murciélago al ser humano antes que este y que todavía causan brotes epidémicos de vez en cuando. Uno de los más peligrosos es el virus causante de la enfermedad MERS (por las siglas en inglés de síndrome respiratorio del oriente medio), que mata a cerca del 35% de los que son contagiados por él. La investigación sobre este virus no ha sido tan intensa como debiera haber sido. Sin embargo, algunos estudios que se estaban llevando a cabo con él han sido publicados durante esta pandemia y pueden ayudar a comprender ciertos aspectos del nuevo virus que la causa.

Una de las cuestiones más importantes es cómo se produce la evolución de estos virus para que desde alguna especie de murciélago salten a la especie humana. Conocer esto puede ser muy importante para evitar la aparición de futuras pandemias, siempre que, además de averiguarlo, se dediquen los medios adecuados para evitarlas de acuerdo con lo descubierto, evidentemente.

No resulta fácil estudiar los coronavirus de murciélago en tiempo real para analizar cómo mutan y evolucionan e intentar identificar qué mutantes son los que más probablemente puedan afectar al ser humano. Sin embargo, una estrategia alternativa para intentar averiguar las características del coronavirus original del murciélago que ha podido originar los virus del MERS, los brotes de SARS y otros varios brotes epidémicos de otros coronavirus que afectaron a los cerdos, afortunadamente no al ser humano, es intentar llevar a cabo experimentos que yo llamo de *retroevolución*. ¿En qué consisten?

Y bien, la idea es sencilla. Si los coronavirus que afectan al ser humano derivan de coronavirus de murciélago que se han adaptado a nuestra especie, esta adaptación probablemente los ha hecho mucho menos adaptados para infectar a la especie original, es decir, a los murciélagos. Sin embargo, si en el laboratorio se infectaran células de murciélago con coronavirus que atacan al ser humano y se analizara cómo se adaptan de nuevo ahora a vivir en células de murciélago, de las que tal vez una vez salieron, podríamos adquirir información sobre las características de los virus de murciélago originales que más fácilmente pueden pasar al ser humano.

BATVIRUS RETURNS

Este tipo de experimentos ha sido realizado por un grupo de científicos de varios centros de investigación canadienses. Estos investigadores infectaron a células de murciélago en frascos de cultivo, en el laboratorio, con virus MERS aislados de pacientes. La infección fue realizada con unos pocos virus, de modo que se aumentara la probabilidad de que algunas de las células en cultivo, que carecen del sistema inmunitario propio de un organismo completo, pudieran sobrevivir. Si esto sucedía, se habría generado una situación similar a la que se conoce sucede en muchas especies de murciélagos, que son capaces de vivir infectados con coronavirus sin por ello estimular una fuerte respuesta inflamatoria que es la que puede causar una seria enfermedad y conducir a la muerte.

Tras comprobar que la mayoría de las células infectadas morían por la acción de los virus, los científicos observaron, no obstante, que algunas de ellas eran capaces de sobrevivir. Estas células volvieron a crecer y a repoblar los frascos de cultivo y se mantuvieron vivas por varios meses.

Los análisis realizados por los científicos confirmaron que la capacidad de sobrevivir de estas células era debida a que el virus no las mataba. La razón de esto se debía a que el virus que infectaba a esas células era un mutante, probablemente ya presente de manera minoritaria en la población original de virus aislada de los pacientes y utilizada para infectar a las células. Era este mutante que no mataba a las células el único que había sido capaz de sobrevivir. Obviamente matar a las células, que los virus necesitan para su propia vida, no es la mejor forma de conseguir reproducirse en ellas de manera continuada.

Los científicos analizan el genoma de ese virus mutante y comprueban que las mutaciones que posee son sin importancia, menos una. Esta mutación crítica inutiliza un gen del virus, llamado *ORF5*. Este gen impide la defensa antiviral de las células que limita la reproducción de los virus en ellas. Al tener este gen inutilizado, los virus mutantes, por consiguiente, no pueden impedir la defensa celular contra ellos y no pueden reproducirse de manera agresiva en las células de murciélago. Por ello, estas son capaces de sobrevivir a su infección. Paradójicamente, esta supervivencia es la que permite a este virus mutante menos agresivo vivir indefinidamente junto con las células que lo albergan. Es posible, sin embargo, que para saltar a la especie humana la agresividad del virus deba aumentar, y de ahí que el virus MERS que nos infecta haya podido mutar de manera inversa en el murciélago para generar un gen *ORF5* activo.

Estos estudios sugieren que impedir o disminuir con algún fármaco la actividad del gen similar al *ORF5* del nuevo SARS-CoV-2 podría disminuir su agresividad y reducir así su virulencia y mortalidad. Poco a poco, con estos y otros estudios que se están realizando, tengo la confianza, basada en la ciencia, de que los días de la COVID-19 están contados y pronto serán historia.

Referencia: *Scientific Reports* | (2020) 10:7257 | https://doi.org/10.1038/s41598-020-64264-1

Jorge Laborda, 17 de mayo de 2020

DESLIZAMIENTO DE DATOS

Probablemente sorprenderá saber que el ADN de cada una de nuestras células mide cerca de dos metros de longitud, aunque la anchura de esta molécula es de solo dos milmillonésimas de metro. Para apreciar lo que esto significa, consideremos que, si estas dimensiones se traspasaran a un camino de solo dos metros de anchura, su longitud sería de dos millones de kilómetros, es decir, más de cinco veces la distancia de la tierra a la luna, y el caminito daría alrededor de cincuenta vueltas al planeta en su ecuador.

Los dos metros de longitud del ADN contienen, en una ristra de cuatro moléculas diferentes unidas unas detrás de las otras –las cuatro "letras" del ADN– todas las instrucciones necesarias para producir un ser humano funcional y generar los más de doscientos tipos de células diferentes que componen su organismo. Cada una de estas células guardará en su interior los casi dos metros de una copia de ese ADN.

A nadie se le escapa que la longitud de una célula es mucho menor de dos metros. Se estima que la célula más pequeña del organismo puede medir unas cinco micras de diámetro, es decir, tiene una longitud unas cuatrocientas mil veces menor que la del ADN albergado en sus cromosomas. ¿Cómo consigue guardarlo en su interior?

La respuesta a esta pregunta es fácil de comprender. Al igual que la lana de un ovillo es de una longitud mayor que la mayor longitud de nuestro piso, el ADN puede igualmente guardarse dentro de una célula de mucha menor longitud enrollado en ovillos. Estos ovillos están formados por ocho proteínas centrales, denominadas histonas, que hacen el papel del canuto central del ovillo. Alrededor de ellas se enrollan algo menos de dos vueltas de hebra de ADN. Millones de estos pequeños ovillos, denominados nucleosomas, se empaquetan con otras proteínas en una estructura más densa, llamada cromatina, que forma los cromosomas.

Esto soluciona el problema del almacenamiento de ADN de una maneta ordenada, evitando que este se enrede entre sí y forme nudos que complicarían los procesos celulares. Sin embargo, el empaquetado del ADN en una ristra de ovillos de menos de dos vueltas cada uno y compactados entre sí crea otro grave problema. Al contrario que el hilo de un ovillo de lana, el ADN contiene información a la que la célula debe acceder continuamente con rapidez para utilizarla. Si la información no puede ser leída cuando es necesario, no sirve de nada almacenarla. ¿Cómo solucionan las células esta seria dificultad?

TENSIÓN LIBERADORA

Es este un problema que, sin embargo, ha conferido algunas ventajas para la supervivencia, o los organismos no habrían dedicado energía y recursos a solucionarlo. A lo largo de la evolución de muchos organismos, estos han ido adquiriendo genes que aumentaban la longitud de su ADN, pero que también les permitían realizar nuevas funciones que facilitaban su supervivencia. Cuando la cantidad de ADN no era mucha, no se necesitaban complicadas formas de almacenarlo. Pensemos que las bacterias actuales carecen de histonas y no es necesario que guarden particulares precauciones para almacenar su ADN. La información contenida en este es accesible prácticamente en cada momento de la vida de la bacteria. No sucede lo mismo con las células eucariotas, que contienen un núcleo donde guardan sus largos centímetros de ADN, en sus cromosomas. Sin embargo, aunque este largo ADN es difícil de almacenar y es también más complicado acceder a la información en él contenida, el mayor número de genes ha conferido tales ventajas a los organismos eucariotas que ha valido la pena hacer el esfuerzo evolutivo de almacenarlo de manera ordenada y de desarrollar sistemas moleculares para acceder a la información genética que contiene.

Para conseguir esto es necesario permitir que todas las "letras" del ADN puedan ser leídas en un momento u otro. La lectura de las "letras" supone que algunas proteínas particulares puedan encontrar esas letras y a partir de ellas puedan comenzar a hacer alguna cosa, como, por ejemplo, fabricar un ARN que luego permitirá la generación de una proteína concreta, o modificar químicamente el ADN en un sitio particular.

Las "letras" que se encuentran en el nucleosoma dando esas dos vueltas a las histonas no son accesibles a esas proteínas, pero sí lo son las "letras" que se encuentran en la intersección entre dos nucleosomas, en la zona espaciadora entre ellos. Para permitir el acceso a todas las "letras" en algún momento, el ADN enrollado en los nucleosomas debe deslizarse a su alrededor, cambiando así la zona de este que se encuentra dando las dos vueltas a las histonas centrales y permitiendo que el ADN enrollado se desplace hacia la zona de intersección entre dos nucleosomas, donde las "letras" pueden ser "leídas". En otras palabras, la hebra de ADN no está enrollada de una manera fija a las histonas centrales del nucleosoma, sino que puede deslizarse a su alrededor como lo hace una cuerda alrededor de una polea. Este deslizamiento requiere de proteínas especiales para llevarlo a cabo, las cuales necesitan energía metabólica para actuar, puesto que cualquier movimiento consume energía.

Recientemente, un equipo de investigación ha estudiado el mecanismo por el que funciona una proteína, llamada CHD4, que interviene en todo este proceso de deslizado del ADN alrededor de los ovillos que forman los nucleosomas. Sorprendentemente, han descubierto que el proceso sucede a "golpes". La proteína va empujando de la hebra de ADN hacia el nucleosoma y metiendo "letras" en el ovillo, generando así una tensión que, sin embargo, no consigue inicialmente producir movimiento alguno. Cuando entre 4 y 6 "letras" han sido introducidas en el ovillo y al final la tensión es suficientemente elevada, el deslizamiento se produce bruscamente, 4 o 6 letras salen por la otra parte del ovillo, la tensión se relaja y esas letras pueden ahora ser "leídas" por las proteínas celulares. Esto sucede miles de millones de veces al día en cada cromosoma de nuestras células. ¿No es maravilloso?

El funcionamiento correcto de este mecanismo es fundamental y una menor eficacia de este está asociada a la aparición de varias enfermedades, probablemente causadas por una disminución del acceso a la información contenida en el ADN. Conocer bien cómo funciona este mecanismo puede, por tanto, ser importante para intervenir sobre él y corregirlo cuando sea preciso.

Referencia: Yichen Zhong, et al. *NATURE COMMUNICATIONS* (2020) 11:1519 | https://doi.org/10.1038/s41467-020-15183-2

Jorge Laborda, 24 de mayo de 2020

Amenazas sanitarias y normas sociales

Muchos piensan que la pandemia de coronavirus dejará secuelas no solo en la salud de las personas que la hayan superado, sino también en las diversas sociedades y culturas del planeta. La vida no volverá a ser normal, sino que nacerá una "nueva normalidad", tal vez más anormal aún, si cabe, que la antigua. En mi ingenua interpretación de esa "nueva normalidad", imagino un mundo carnavalesco en el que todos llevaremos mascarilla, nos lavaremos manos y zapatos sin descanso, nos saludaremos con los codos, y nos abrazaremos a través del móvil. Sin embargo, otros cambios menos evidentes y más peligrosos pueden invadirnos casi sin que nos demos cuenta y quizá comprobaremos, cuando la pandemia acabe, que los cambios surgieron para quedarse un largo tiempo, como posiblemente se quede también el virus.

Digo esto porque la ciencia investiga todo lo que se le pone por delante, y entre las cuestiones que se han investigado se encuentran las razones de las tendencias culturales en diferentes países y sociedades, y su evolución. En el mundo globalizado en el que vivimos, es evidente para la mayoría de los habitantes del planeta el hecho de que diferentes culturas funcionan con diferentes normas sociales, más o menos estrictas. Por ejemplo, los relojes en las ciudades alemanas o suizas suelen marcar la hora con gran precisión, pero no deberías fiarte de la hora marcada por un reloj de una ciudad brasileña, por ejemplo. No hay ninguna ley en Alemania que convierta en ilegal un reloj impreciso, ni otra en Brasil que convierta en legal el mismo tipo de reloj. La diferente tolerancia a la imprecisión de los relojes en Brasil y Alemania debe provenir de reglas sociales no escritas, de la propia cultura en la que se educan y viven inmersos los habitantes de esos países, que son más o menos tolerantes con determinadas situaciones.

Algunas normas sociales son universales. Por ejemplo, todos nos vestimos antes de salir de casa y, en general, ciertas actividades fisiológicas las mantenemos en el ámbito privado, mientras que otras las realizamos en público. Otras normas son particulares de determinados países o culturas. Sea como sea, las normas sociales son absolutamente fundamentales para el funcionamiento de las sociedades. Ninguna institución pública o privada podría funcionar sin el respeto a las normas sociales. Estas actúan como una especie de pegamento social y permiten que la interacción entre las personas transcurra dentro de unos cauces predecibles, generalmente respetuosos con la convivencia cotidiana, con independencia del régimen político en el que se haya decidido, o se esté obligado a, vivir.

La investigación sobre este asunto ha revelado que ciertas sociedades siguen normas sociales de una manera muy estricta, mientras que otras son mucho más laxas en su seguimiento. Sociedades como Japón, Alemania, Austria o Singapur se adhieren de manera estricta a sus normas sociales y castigan con cierta gravedad a quienes las infringen, en términos de prestigio o consideración social. En cambio, países como Estados Unidos, Australia, Nueva Zelanda o España son mucho más laxos en el seguimiento de sus normas. ¿Cuáles son los factores que condicionan que diferentes sociedades mantengan grados muy desiguales de exigencia sobre el cumplimiento de las normas sociales?

TOLERANCIA INTERRUMPIDA

El estudio de estos factores durante las últimas décadas ha desvelado que el diferente grado de exigencia frente al seguimiento de las normas sociales no proviene de que las sociedades compartan una religión común, una lengua común, o una serie de valores en común. Sorprendentemente, el factor que mejor explica el diferente grado de rigidez con el que las culturas se adhieren a sus propias normas sociales es el grado de amenaza que las sociedades han vivido a lo largo de su historia, sea esta una amenaza natural, como huracanes, terremotos, hambrunas o epidemias, o una amenaza debida a factores humanos, como guerras o invasiones por los pueblos vecinos.

Esto tiene bastante sentido. Frente a una amenaza seria para la continuación de la vida o de la sociedad tal y como la conocemos, las reglas sociales permiten una coordinación eficaz para hacerle frente. Sin esas normas, y sin que sean respetadas sin excepciones por todos, la amenaza no podrá ser vencida o neutralizada. Por tanto, las personas que viven en naciones y culturas que se han visto obligadas a superar amenazas continuadas a lo largo de su historia suelen cumplir y respetar mucho más las normas sociales. De ello ha dependido su existencia. En esos países existe más orden y sincronía, mas uniformidad, y menos incidencia de comportamientos criminales. Las personas que viven en ellos también tienen mayor capacidad de autocontrol, lo que se traduce en menos obesidad, alcoholismo o tabaquismo.

El aspecto negativo de esos países y culturas, según los estudios realizados, es que son mucho más cerradas que las demás, mucho más excluyentes de los diferentes, menos tolerantes de la ambigüedad, y de aquellos que parecen transgredir las normas por la razón que sea. Son culturas etnocéntricas, en las que "el otro" puede ser percibido como una amenaza más.

Los estudios han revelado también que las culturas pueden cambiar el grado en el que exigen que las normas sociales sean respetadas por todos, y estos cambios se ven igualmente asociados a la presencia de amenazas inmediatas. Estas aumentan la rigidez de las sociedades y el grado en el que las personas exigen a los demás que sean respetuosos con las normas y las cumplan.

El mundo vive hoy una amenaza sanitaria sin precedentes en tiempos modernos. Si estos estudios están en lo cierto, es muy probable que las normas sociales se hagan más rígidas en todas partes, que el diferente sea interpretado como una amenaza y que la libertad individual se vea seriamente amenazada. Por ello, considero que una vacuna contra el coronavirus no solo es necesaria con urgencia para preservar la salud de las personas, sino también la salud de las sociedades que estas forman.

Referencia: Michele Gelfand. *Rule Makers, Rule Breakers: Tight and Loose Cultures and the Secret Signals That Direct Our Lives*. Robinson Ed (02 abril 2020). ISBN-13: 978-1472144812

Jorge Laborda, 31 de mayo de 2020

El florido mordisco del abejorro

Nos hemos tal vez olvidado de él, debido a la pandemia de COVID-19, pero el grave problema del cambio climático sigue amenazando el futuro del planeta. Afortunadamente, la ciencia no se olvida de este problema y sigue intentando avanzar en su comprensión.

Un reciente descubrimiento nos revela ahora otro ejemplo de las complejas y profundas relaciones entre los organismos y el clima. El descubrimiento se produce por una cadena de acontecimientos iniciados por el cambio climático y sus consecuencias. Una de estas consecuencias, que todos hemos podido observar en los últimos años, es el desfase en el inicio de las estaciones, en particular en la primavera.

Aclaremos lo que esto significa. No solo se trata de que el inicio de la primavera u otras estaciones pueda adelantarse debido al calentamiento global, sino de que este adelantamiento no sucede del mismo modo para todas las especies de seres vivos. Por ejemplo, debido al calentamiento, la primavera puede comenzar antes para los insectos que para las plantas. Los primeros responden mucho más al cambio de temperatura que a otros cambios asociados al nacimiento de la primavera. Las segundas, en cambio, responden no solo al cambio de temperatura, sino al cambio en la exposición a la luz que conlleva el alargamiento de los días, y esta exposición no ha cambiado con el cambio climático.

Hasta que la longitud de los días no es la adecuada, muchas plantas no florecen. Sin embargo, algunos insectos, en particular los abejorros, pueden salir de su estado de hibernación espoleados por el cambio de temperatura para encontrarse en un entorno carente todavía de flores. Esto puede suponer un serio riesgo para la supervivencia de las colonias de estos inteligentes insectos.

No obstante, el desfase en el nacimiento de las estaciones no es solo un fenómeno propio de nuestros días. Seguramente, estos desfases han sucedido con alguna frecuencia en los millones de años de evolución conjunta que han sufrido insectos y plantas. Como es de esperar, aquellos individuos que hayan podido desarrollar estrategias para superar estos desfases y conseguir sobrevivir hasta qua las plantas generen flores, con su nutritivo néctar y polen, son los que habrán podido perdurar hasta hoy.

Las anteriores consideraciones sugieren que para llegar hasta nuestros días los abejorros han desarrollado durante su evolución estrategias para luchar contra el desfase de la primavera que ahora sucede con mayor frecuencia, pero que también sucedía en ocasiones en épocas anteriores. ¿En que pueden consistir estas estrategias? ¿Podrían los abejorros cambiar la base de su alimentación en espera de que las plantas produzcan flores?

La potencial respuesta a esta pregunta surgió tras un conjunto de observaciones de campo que pusieron de manifiesto un curioso comportamiento de los abejorros cuando las plantas todavía no habían generado flores. Estos se posaban sobre las hojas de estas plantas y, utilizando sus mandíbulas y probóscide, generaban una perforación de forma característica en ellas. Los abejorros solo tardaban unos pocos segundos en generar esa perforación, tras lo que partían volando.

MAS ALLÁ DEL AGUJERO

¿Acaso los abejorros, en ausencia de flores, podían alimentarse de las hojas o de los jugos extraídos de ellas, hasta que las flores hicieran su aparición? Los expertos en abejorros (hay expertos para todo) no creyeron que esto fuera posible. Por el contario, algunos investigadores supusieron que este comportamiento tenía como finalidad generar un daño físico, un estrés, que aceleraba la generación de flores por las plantas mordisqueadas. Esta suposición se basaba en el hecho ya conocido de que el estrés acelera la producción de flores en muchas plantas, en un intento de estas de acelerar su reproducción antes de que la situación empeore aún más para ellas. Sin embargo, nadie había estudiado todavía si los mordiscos de los abejorros generaban el efecto acelerador en la floración que los investigadores suponían.

Para determinar si esto era lo que sucedía, investigadores franceses y suizos llevan a cabo una serie de experimentos en los que comparan el tiempo de floración de dos especies diferentes de plantas. A un grupo de ellas no se les infligió daño. Otro grupo fue dañado gracias a los mordiscos de los abejorros. Un tercer grupo fue dañado infligiendo, por medios mecánicos, cortes en las hojas similares a los cortes generados por los abejorros.

Los resultados de estos experimentos mostraron que el daño infligido por los abejorros mediante la generación de perforaciones en las hojas condujo a que las plantas florecieran mucho antes. Sin embargo, y sorprendentemente, los investigadores no pudieron reproducir los efectos estimulantes de la floración intentando imitar el daño generado por los abejorros por medios mecánicos. Esto indica que, además del mero corte en las hojas, algo más deben estar haciendo los abejorros para estimular la floración. Este "algo más" es, de momento, desconocido, pero podría tratarse de la inyección por los abejorros de alguna sustancia, o incluso de algún microorganismo, que sería lo que estimularía, en realidad, la floración. Conocer este punto puede ser muy importante para conseguir manipular la floración de las plantas cuando sea necesario.

El comportamiento de los abejorros y lo que consiguen hacer a las plantas para acelerar su floración no solo va en su propio beneficio, sino en beneficio de las propias plantas a las que dañan. Estas necesitan insectos polinizadores que, si mueren antes de que las plantas generen flores, también afectarán gravemente a la capacidad reproductiva de estas incluso si las generan más tarde. Vemos, una vez más, que los delicados equilibrios de la Naturaleza conducen a la generación a lo largo de la evolución de exquisitos mecanismos de supervivencia que pueden beneficiar a especies adicionales a la que pretende sobrevivir.

Referencia: Foteini G. Pashalidou et al. Bumble bees damage plant leaves and accelerate flower production when pollen is scarce. *Science* 22 MAY 2020 • VOL 368 ISSUE 6493, pag. 881

Jorge Laborda, 7 de junio de 2020

¿QUÉ SUCEDIÓ ANTES, LA GRAN GLACIACIÓN O LA GRAN OXIDACIÓN?

La evolución de la vida en la Tierra ha experimentado multitud de sucesos extraordinarios debido a las más diversas causas. Sin el concurso de esos lances, la evolución de los organismos vivos hubiera seguido caminos diferentes de los que ha seguido. Los seres vivos somos seres contingentes, derivados de acontecimientos contingentes. De haber sido la historia del planeta diferente, tal vez solo algunos minerales serían hoy los mismos, pero no los seres vivos. No usted ni yo.

Dos de esos extraordinarios eventos que cambiaron el curso de la vida en el planeta son la Gran Oxidación y la primera Gran Glaciación. Casi todo es grande en la prehistoria, aunque, sin duda, lo más grande de la historia es la estupidez. Tal vez esta, como los minerales, también seguiría siendo la misma a pesar de los avatares evolutivos e históricos.

¿Qué sucedió en esos dos grandes sucesos? Como su nombre sugiere, la Gran Oxidación fue, en efecto, una acumulación de oxígeno que acabó por oxidarlo y oxigenarlo casi todo. El oxígeno provino de la contaminación global del planeta causada por el "descubrimiento" de la fotosíntesis por parte de algunos seres vivos. Este "descubrimiento" evolutivo sucedió hace unos dos mil cuatrocientos millones de años. No obstante, su temporalidad exacta no está bien definida, y pudo suceder unos cientos de millones de años antes o después.

Puede resultar sorprendente que el oxígeno, que hoy tanto necesitamos, fuera en su momento un gas muy tóxico. La acumulación de este gas en la atmósfera acabó con la vida de muchos organismos incapaces de evolucionar a tiempo para, primero, tolerar sus efectos oxidantes y, segundo, aprovecharse de él para obtener energía.

Hablemos ahora de las Grandes Glaciaciones. Estas son periodos de tiempo en los que los hielos cubrían la superficie terrestre casi hasta las latitudes ecuatoriales. La Tierra era como una inmensa bola de nieve. Podríamos decir que, en esos periodos, en lugar de ser el clima terrestre similar al del interior de un invernadero, como lo es hoy, la Tierra tenía un clima como el del exterior de un iglú.

Existe un debate en la comunidad científica preocupada por la evolución del planeta sobre qué sucedió antes, si la Gran Oxidación o la primera Gran Glaciación. Como hemos dicho, no sabemos a ciencia cierta cuándo comenzó el oxígeno a acumularse en la atmósfera. Averiguar el curso temporal de estos eventos es importante para poder determinar si uno fue la causa del otro.

¿Causa o efecto?

Para entender por qué un evento pudo ser la causa del otro, tengamos en cuenta que un enfriamiento del planeta pudo hacer necesario para los seres vivos innovar en los sistemas de obtención de energía desde el entorno. A bajas temperaturas, los procesos químicos necesarios para mantener la vida en un mundo en el que la fotosíntesis aún no existía pudieron generar una intensa presión para que los seres vivos desarrollaran sistemas alternativos de obtención de energía. Uno de esos sistemas alternativos era la extracción de energía de la luz del Sol. Esta llegaba al planeta con la misma intensidad, a pesar de que las temperaturas pudieran ser muy bajas. En otras palabras, capturar energía a partir de la luz que llegaba del Sol y no a partir de procesos químicos dependientes de la temperatura que sucedían en la Tierra era un método mucho más eficaz y seguro para conseguir sobrevivir.

Aclaremos también que, en esa época, los únicos seres vivos del planeta eran seres unicelulares, bacterias y arqueas. No está claro si antes de estos eventos de los que hablamos se habían generado o no las primeras células eucariotas, surgidas de la unión simbionte entre una bacteria y una arquea. En todo caso, era un mundo en el que la evolución se podía producir de manera rápida mediante la transferencia de genes entre unos microorganismos y otros.

Por otra parte, una vez la fotosíntesis apareció, la emisión masiva de oxígeno realizada por los organismos fotosintéticos estuvo también asociada a la captura de dióxido de carbono de la atmósfera. La fotosíntesis consiste prácticamente en eso, en capturar dióxido de carbono y agua del medio exterior, generar con ellos sustancias orgánicas, como los azúcares y las grasas, y eliminar y expulsar el oxígeno que sobra. Por consiguiente, la captura de dióxido de carbono por los organismos fotosintéticos pudo eliminar el efecto invernadero causado por este gas y enfriar al planeta de manera muy intensa, causando la primera Gran Glaciación.

La conclusión de las anteriores consideraciones es que cualquier evento pudo ser causa del otro, pero para averiguar esto debemos determinar qué sucedió antes, si la Gran Oxidación o la primera Gran Glaciación. Un numeroso grupo de investigadores ha estudiado esta cuestión mediante el análisis de la oxidación de los átomos de azufre contenidos en sedimentos localizados en la península de Kola, al norte de Siberia, correspondientes a la época en la que ocurrieron ambos eventos. Según su estado de oxidación, el azufre sedimenta de manera diferente, por lo que su análisis puede determinar en qué sedimentos, correspondientes a una época precisa, sucedió la Gran Oxidación.

Los resultados de estos estudios indican que la Gran Oxidación se produjo dentro del intervalo de entre aproximadamente hace 2.501 a hace 2.434 millones de años. Este intervalo es claramente anterior al momento de la primera Gran Glaciación de la Tierra, cuya datación se ha establecido por otros métodos y en otro lugar del planeta, a partir de formaciones geológicas en Sudáfrica. Así pues, los resultados de estos estudios sugieren que la Gran Oxidación precedió a la primera Gran Glaciación, no al revés, y que fue la actividad de los seres vivos la que cambió el clima de la Tierra y no el cambio de clima el que causó un drástico cambio en la evolución de los seres vivos.

Algo similar puede estar sucediendo hoy. La acción de una sola especie de ser vivo, la especie humana, está causando un masivo cambio en el clima de la Tierra, en esta ocasión calentándola, y no enfriándola. La gran diferencia es que mientras hace millones de años la vida no sabía lo que hacía, hoy sí lo sabe, y puede cambiar su comportamiento para proteger y preservar el planeta. Esperemos que así sea.

Referencia: Matthew R. Warkea el al (2020) The Great Oxidation Event preceded a Paleoproterozoic "snowball Earth. www.pnas.org/cgi/doi/10.1073/pnas.2003090117

Jorge Laborda, 14 de junio de 2020

Guerra latente en el océano

No cabe duda de que la pandemia de coronavirus nos ha hecho mucho más conscientes de que los virus nos acompañan en todo momento. No obstante, en mi opinión, la Humanidad no tiene aún una idea clara de la cantidad de virus que existen en el planeta. Como son pequeños, aunque matones, tal vez pensemos que hay solo unos pocos virus esparcidos por aquí y por allá y que el coronavirus es la excepción a esta regla. Sin embargo, los virus son los organismos (o tal vez deberíamos decir el conjunto de moléculas semivivas) que dominan la biosfera.

La razón de esta abundancia de virus reside en que la mayoría de ellos, lejos de infectar a animales o a plantas, vive gracias a la infección de las bacterias más numerosas del océano. Se trata de las bacterias de la clase SAR11 (que nada tienen que ver con el coronavirus SARS-CoV-2). Se estima que hay un 10 seguido de 28 ceros de bacterias SAR11 en los océanos. Para contar con el mismo número de células humanas que de bacterias SAR11, la Humanidad tendría que ser alrededor de un millón de veces más numerosa, es decir, poblar la tierra con más de siete mil billones de personas, en lugar de los más de siete mil millones actuales.

Los virus que viven infectando a estas bacterias son aún más numerosos que ellas. Se estima que existen unos 10 virus por cada bacteria SAR11. Las bacterias se están continuamente reproduciendo, captando nutrientes del entorno. Al mismo tiempo los virus las van matando mientras son ellos los que se reproducen, infectándolas.

Bacterias y virus se encuentran así en un difícil equilibrio, con una ventaja de diez a uno para los virus. En general, todos los organismos unicelulares intentan reproducirse todo lo que pueden, a diferencia de los pluricelulares, que solo nos reproducimos lo que nos dejan. Sin embargo, si los virus se reproducen sin freno y matan con ello a demasiadas bacterias, la siguiente generación de virus no tendrá suficientes bacterias con las que vivir. De hecho, existe el riesgo real de que demasiados virus, al reproducirse todos al mismo tiempo, acaben con todas las bacterias que necesitan para reproducirse. Para sobrevivir los virus no pueden ir por ahí matando indiscriminadamente a quienes "les dan de comer".

¿Cómo puede entonces mantenerse este equilibro entre bacterias y virus, de manera que estos dejen vivir a suficientes bacterias y seguir reproduciéndose en ellas, superándolas ampliamente en número? Como siempre que hay un misterio en ciencia, uno o varios científicos proponen hipótesis, es decir, ideas para intentar explicarlo. Entre las ideas propuestas se encuentra la de que los virus que infectan a las bacterias SAR11 son virus latentes.

LATENCIA ES PACIENCIA

Podemos decir que la latencia es la propiedad que tienen algunos virus de tener paciencia para reproducirse en el momento oportuno. Los virus latentes viven "dormidos" en el interior de las bacterias o células a las que infectan, pero no se reproducen en ellas hasta que alguna señal, algún cambio en el entorno, que siempre será para ellos un cambio molecular, les indica que es el momento adecuado para reproducirse. En ese momento ponen en marcha toda la maquinaria celular que permite esta reproducción y con ella acaban con la vida de la célula.

Los virus en estado de latencia no matan pues a sus hospedadores. De hecho, copian sus genes a medida que los hospedadores se reproducen. Se comportan en el interior. de estos como si se tratara de genes del propio hospedador, sin hacerles demasiado daño, hasta que las condiciones les indican que deben ya reproducirse y matarlo.

La idea de que las bacterias SAR11 podían albergar en su interior virus latentes no había podido ser confirmada. Ahora, un grupo de investigadores de la Facultad de Oceanografía de la Universidad de Washington, en Seattle, USA, aíslan dos cepas de bacterias SAR11 del Pacífico Norte en las que descubren virus latentes.

El aislamiento de estas cepas de bacterias SAR11 ha permitido ahora mantenerlas en cultivo en el laboratorio y manipular sus condiciones de crecimiento, en particular, manipular la cantidad de nutrientes disponible para ellas, y con ello su capacidad de reproducción. Estas manipulaciones han conducido a un descubrimiento aún más interesante: la manera en que el virus decide cuándo reproducirse o no en el interior de la bacteria.

En una serie de experimentos, los investigadores comprueban que los virus latentes no abandonan su estado de latencia cuando las bacterias crecen en abundancia de nutrientes. En estas condiciones, las bacterias pueden reproducirse con alegría, reproduciendo también de este modo el genoma del virus que "late" en su interior. Digamos que mientras su bacteria hospedadora pueda vivir cómodamente, al virus no le merece la pena el esfuerzo y el riesgo de reproducirse y salir en busca de otras bacterias en las que vivir.

Sin embargo, las cosas cambian de manera radical cuando las bacterias son crecidas en escasez de nutrientes. En estas condiciones, los virus en el interior de las bacterias abandonan su estado de latencia y comienzan a reproducirse de manera activa, matando a las bacterias. Los virus saben de alguna forma que su hospedador no va a ser capaz de sobrevivir en condiciones de escasos nutrientes y lo mejor que pueden hacer es aprovecharse de él todo lo que puedan antes de que, en efecto, muera.

Así pues, los virus son capaces de seguir reproduciéndose de manera latente con las bacterias porque no se reproducen de manera autónoma ni las matan cuando las cosas van bien para ellas. Se dejan llevar en su interior de manera plácida y pacífica, dejando que hagan todo el trabajo para mantenerlos vivos, aunque "dormidos". Cuando las cosas se ponen feas para las bacterias, en cambio, y estas no pueden seguir manteniéndose vivas, y tampoco pueden mantener vivos a los virus latentes en su interior, es cuando los virus, que tan inocuamente se habían comportado hasta ese momento, cambian su naturaleza y las atacan desde sus entrañas, reproduciéndose sin freno hasta matarlas.

Este es un ejemplo más, a nivel planetario, de los increíbles equilibrios que se establecen entre los seres vivos en diferentes ecosistemas. Esperemos que tengamos la sabiduría suficiente para no desequilibrarlos más de lo que ya lo hemos hecho.

Referencia: Robert M. Morris et al. Lysogenic host–virus interactions in SAR11 marine bacteria. *Nature Microbiology. https://www.nature.com/articles/s41564-020-0725-x*

Jorge Laborda, 21 de junio de 2020

Agujeros de ozono y extinciones masivas

La epidemia de coronavirus ha oscurecido u ocultado otras malas noticias. Una de ellas es la generación de un gran agujero en la capa de ozono en la región ártica, cercano a Groenlandia, tres veces más amplio que el área de esta enorme isla. Este agujero es el más grande jamás observado en el hemisferio norte. La revista *Nature* publicó la notica a finales del pasado mes de marzo de este año.

Afortunadamente, este agujero de ozono duró solo unas pocas semanas. Se había cerrado espontáneamente para finales de abril. Según los expertos en física de la atmósfera, los fenómenos que han actuado tanto para la apertura como para el cierre de este enorme agujero probablemente están relacionados con el calentamiento global.

No obstante, es importante recordar que los clorofluorocarbonos -gases volátiles presentes, entre otros productos, en los antiguos espráis-, los principales gases contaminantes responsables de la destrucción de la capa de ozono, aún siguen en la atmósfera. Afortunadamente, la cantidad de estos gases ha disminuido desde que 197 países acordaron, en 1987, acabar con su uso.

La capa de ozono es fundamental para la vida sobre la Tierra. Esta protege a los seres vivos de los peligrosos rayos ultravioleta UV-B y UV-C del Sol, los más energéticos de todos los rayos ultravioleta y capaces de generar mutaciones en el ADN. Sin la capa de ozono, precisamente formada gracias a la acción de los mismos rayos ultravioleta de los que nos protege, la vida sobre la Tierra sería imposible tal y como la conocemos.

A lo largo de la historia del planeta, la vida ha sufrido serios reveses y, en ocasiones, ha estado a punto de desaparecer. Los estudios geológicos han revelado cinco extinciones severas sucedidas en la historia de la Tierra, y hasta otras quince extinciones menos graves ocurridas en los últimos 540 millones de años. Como

101

sabemos, la más conocida es la sucedida hace 66 millones de años en la que los dinosaurios resultaron extintos y junto con ellos el 75% de todas las especies.

Las causas de estas extinciones han sido y siguen siendo objeto de intenso debate científico. Fruto de esos debates y de la investigación espoleada por ellos ha sido la identificación de al menos tres fenómenos que han causado extinciones.

El primero de ellos es la conocida colisión de un asteroide o meteorito de grandes proporciones con el planeta. Las consecuencias de la colisión incluyen la transferencia de elevadas cantidades de polvo a la atmósfera que causan el oscurecimiento del planeta y un cambio climático repentino.

Las enormes cantidades de gases y cenizas vertidas a la atmósfera por gigantescas erupciones volcánicas constituyen una segunda causa de las extinciones. Por último, enfriamientos climáticos planetarios que originan una disminución del nivel del mar constituyen la tercera causa de extinción identificada hasta el momento.

FALTAN EXPLICACIONES

Sin embargo, estas causas no explican todas las extinciones ocurridas. En particular, ninguna de estas causas ha podido ser inequívocamente asociada a una de las extinciones más importantes. Esta es la llamada extinción del periodo Devónico tardío, sucedida hace unos 370 millones de años. En esta extinción perecieron al menos el 70% de todas las especies.

Esta extinción no sucedió en un corto espacio de tiempo. Los estudios indican que pudo alargarse por un periodo de hasta de 20 millones de años. Esto sugiere que la causa de esta extinción no es probablemente ni una colisión con un asteroide, ni erupciones volcánicas masivas, que no parecen extenderse tanto en el tiempo.

Para intentar averiguar la causa de esta extinción, científicos de la Universidad de Southampton, en el Reino Unido, decidieron analizar con una nueva técnica los estratos correspondientes a esa era geológica recolectados a partir de dos lugares poco frecuentados por los seres humanos. Uno de esos lugares es una antigua región lacustre localizada al este de Groenlandia; el otro, una región cercana al lago Titicaca en Bolivia. En la época en la que sucedió la extinción, la primera región se encontraba cerca del ecuador, mientras que la última se encontraba cerca del polo sur terrestre. Esto ha permitido comparar lo que sucedió en ambas latitudes.

Las muestras de rocas y estratos obtenidas fueron disueltas en ácido fluorhídrico. Esto liberó los fósiles microscópicos de esporas de plantas de la época que, como los helechos de hoy, carecían de flores.

La examinación al microscopio de esos fósiles reveló que muchos mostraban extrañas malformaciones. Estas eran compatibles con mutaciones causadas en el ADN por radiación ultravioleta. Las malformaciones no se encontraron en esporas fósiles correspondientes a otras épocas geológicas, lo que indicaba que algo debió causarlas solo en ese periodo, pero no en otros.

Los investigadores proponen que un agujero en la capa de ozono fue el causante del incremento de radiación ultravioleta recibida por los seres vivos en esa época. Esta radiación causó, en muchos casos, mutaciones irreversibles que condujeron a la extinción de numerosas especies. El agujero de ozono pudo ser causado por un calentamiento global que conllevó un incremento de la concentración de óxido de cloro en la atmósfera. Este gas, como los clorofluorocarbonos, es un gas destructor del ozono.

A lo largo del proceso de extinción, algunas platas sobrevivieron, pero ecosistemas de bosques enteros desaparecieron. El grupo de peces más numerosos, los llamados placodermos, o peces acorazados, se extinguió por completo, lo que dejó espacio para otras clases de peces, como los peces cartilaginosos (tiburones, rayas…) y los óseos, que dominan hoy los océanos.

Los investigadores avisan de que el calentamiento global que estamos causando hoy podría conducir a que el planeta alcance temperaturas similares a las propias del periodo Devónico. De suceder esto, fenómenos similares a los acaecidos entonces podrían causar el colapso de la capa de ozono, lo que acarrearía terribles consecuencias para la vida sobre la Tierra.

Es un aviso más. ¿Haremos caso?

Referencia: John E. A. Marshall et al (2020). UV-B radiation was the Devonian-Carboniferous boundary terrestrial extinction kill mechanism. *Sci. Adv.* 2020; 6: eaba0768. https://advances.sciencemag.org/content/6/22/eaba0768

Jorge Laborda, 28 de junio de 2020

Como venceremos al coronavirus

Abandonando toda tradición en mi manera de abordar la divulgación científica, hoy hago una excepción y voy a adentrarme por terrenos de arenas movedizas intelectuales. Digo esto porque hacia el final del artículo pretendo mojarme y hacer una predicción sobre cómo la ciencia vencerá al coronavirus.

Mi motivación para esta peligrosa empresa proviene de varias fuentes. La primera es la reciente declaración de Anthony Fauci, uno de los más reputados científicos y asesor de la Casa Blanca en materia de salud pública. En su declaración, el Dr. Fauci manifiesta su escaso optimismo acerca de que cuando se consiga la vacuna contra el SARS-CoV-2 esta sea suficientemente eficaz.

Para hacer esta predicción, algo sombría, el Dr. Fauci se apoya, como buen científico, en datos previos sobre las vacunas. Apunta que la eficacia media de las vacunas se sitúa en alrededor del 70%.

Lo anterior se suma al hecho de que no existe vacuna alguna contra ningún coronavirus. Los últimos estudios indican igualmente que se produce una reducción de la cantidad de anticuerpos protectores tan solo ocho semanas después de haber superado la COVID-19. haya esta enfermedad dado síntomas, o no. No son buenas noticias para la duración, no ya la eficacia, de los efectos de una eventual vacuna.

A lo anterior se une el daño causado por movimientos sociales de diversas índoles, en particular los movimientos antivacunas y anticiencia. Según varias encuestas, son demasiados los que no desearán recibir la vacuna cuando esté disponible. Demasiados para conseguir mediante vacunación la ansiada inmunidad de grupo.

Deconstruyendo al coronavirus

La segunda fuente que me motiva a avanzar una predicción sobre cómo la ciencia vencerá al virus es mucho más esperanzadora. Se trata de un nuevo estudio que desvela, mediante un análisis por rayos X, la estructura tridimensional de una proteína del coronavirus que es esencial para que este pueda reproducirse e infectar. Esta proteína es una de las proteasas víricas.

Recuerdo que a mis hijos les gustaban unos juegos de plástico en los que las piezas venían unidas a un entramado central del que debían ser separadas para luego unirlas y construir con ellas alguna cosa, un cochecito, un personaje…Desconozco si similares juguetes aún siguen siendo fabricados, pero su modo de producción es barato ya que todas las piezas para hacer el juguete final están reunidas en una "pieza maestra" que se fabrica en una sola operación. Eran luego los padres o los propios niños los que con una tijera o arrancándolas con las manos separaban del entramado central las piezas individuales y construían con ellas su juguete.

Y bien, el coronavirus y otros virus emplean una estrategia similar para fabricar sus piezas. Con la información genética que almacena en su genoma de ARN, el SARS-CoV-2 fabrica una proteína que contiene muchas de sus piezas unidas de manera continua. Estas piezas son proteínas individuales que deben separarse primero para poder ensamblarse luego en la estructura molecular tridimensional de una partícula vírica completa, al igual que las piezas de plástico de los juguetes que describía antes.

Ensamblado de piezas

Lo sorprendente en este caso es que la "proteína maestra" del propio virus es la encargada de separarse en sus piezas constituyentes para permitir que estas se ensamblen en una partícula vírica. Esto es posible porque dos de las piezas de la "proteína maestra" del virus son enzimas que van cortándola en las distintas proteínas individuales, justo por los puntos por donde hace falta cortar. Estos enzimas se denominan proteasas víricas.

Las proteasas son enzimas que cortan a las proteínas por diversos puntos en la cadena de aminoácidos. Son también muy importantes para nosotros, ya que permiten que hagamos la digestión de las proteínas de los alimentos, además de muchas otras funciones de gran importancia, entre las que cabe mencionar la coagulación sanguínea.

Sin el correcto funcionamiento de las proteasas víricas la "proteína maestra" no puede separarse en sus piezas constituyentes y las partículas víricas no pueden formarse. Esto convierte a las proteasas víricas en dianas terapéuticas, es decir, en blancos de la acción de algún fármaco que se pueda unir a ellas y bloquear su actividad. Con esta actividad bloqueada, el coronavirus no podría reproducirse.

Ahora viene lo más interesante. Para poder diseñar fármacos que se unan a al menos una de las proteasas del SARS-CoV-2 y la bloqueen es necesario conocer la forma tridimensional de esta proteína. Una vez conocida esta forma, como si de una trozo de un puzle se tratara, podemos diseñar una pieza complementaria, otra molécula que encaje en la zona que le permite actuar e impedir así su actividad.

Investigadores del Departamento de Energía del Centro Oak Ridge, en los Estados Unidos, han sido capaces de desvelar, mediante sofisticadas técnicas que emplean rayos X, la forma tridimensional de la principal proteasa del coronavirus. Los investigadores han podido desvelar esta forma tal y como es a temperatura ambiente, una temperatura muy próxima a los 36,5°C del cuerpo humano, lo que proporciona bastante seguridad de que la forma desvelada es la real.

Esto permite ahora diseñar nuevas moléculas que encajen en su centro de actividad y lo bloqueen. El diseño y la síntesis de estas moléculas se ve favorecido gracias a sistemas de inteligencia artificial que permiten predecir qué estructura debería tener una molécula para encajar bien y permiten también diseñar los pasos adecuados para su síntesis química.

Gracias a todas estas potentes técnicas, y a la inteligencia y tenacidad de los científicos, me atrevo a predecir que pronto tendremos a nuestra disposición nuevos fármacos eficaces para detener la reproducción del virus y evitar los contagios. Estos fármacos, unidos a la mejora de la capacidad de detección y diagnóstico de la infección, contribuirán de una manera decisiva a erradicar, o al menos reducir de manera muy importante, los contagios, incluso en ausencia de una vacuna eficaz.

La ciencia nos ofrece razones fundadas para ser optimistas a medio plazo. Un día no muy lejano, el coronavirus será historia.

Referencia: Kneller, D.W., Phillips, G., O'Neill, H.M. et al. Structural plasticity of SARS-CoV-2 3CL Mpro active site cavity revealed by room temperature X-ray crystallography. *Nat Commun* 11, 3202 (2020). https://doi.org/10.1038/s41467-020-16954-7

Jorge Laborda, 5 de julio de 2020

Un nuevo tipo de linfocito antialérgico

Aproximadamente el 25% de las personas sufre de algún tipo de alergia. Estas pueden ser leves o extremadamente peligrosas y llegar incluso a causar la muerte, como puede suceder en un ataque agudo de asma, o en un choque anafiláctico.

La alergia se produce por una reacción del sistema inmunitario frente a una sustancia del entorno que no debería ser identificada como peligrosa, pero que por una u otra razón lo es en algunas personas. A pesar de vivir en entornos muy similares y estar expuestos a las mismas sustancias, solo un conjunto de personas desarrolla alergias, pero otras no lo hacen. Esta situación es reminiscente de otra hoy muy conocida: algunas personas infectadas por el coronavirus sufren una grave enfermedad, mientras otras apenas sufren síntomas. Todo depende de cómo el sistema inmunitario reacciona frente a la misma amenaza en unas personas u otras.

El sistema inmunitario, para funcionar correctamente, necesita realizar varias funciones básicas. La primera de ellas es la de detectar información sobre la naturaleza de los enemigos que pretenden invadirnos. Esta información la captan diferentes tipos de células equipadas con diferentes proteínas detectoras, que reciben el nombre de receptores, porque son las proteínas receptoras de la información.

Diferentes células del sistema inmunitario cuentan con diferentes tipos de receptores. Las células del sistema inmunitario innato, con el que todos nacemos, vienen equipadas con receptores para detectar a todos los microorganismos o parásitos en general. Las células del sistema inmunitario adaptativo se generan durante el desarrollo y tras el nacimiento, y poseen receptores que detectarán ciertas características de microorganismos concretos, si nos encontramos con ellos a lo largo de la vida. Gracias a ambos tipos de células, el sistema inmune está muy bien equipado para detectar la información pertinente sobre los organismos que nos amenazan.

La segunda importante función que debe realizar el sistema inmune es la toma de decisiones sobre cuáles serán los mejores medios para defenderse y erradicar al organismo enemigo que haya sido detectado. La información captada sobre este es comunicada por diversos medios moleculares a las células adecuadas, o es utilizada para generar células especializadas en la lucha contra el tipo de amenaza detectada.

La tercera importante función del sistema inmunitario es la de poner en marcha los mecanismos de defensa adecuados. La generación de anticuerpos, por ejemplo, es uno de ellos, como también lo es el reclutamiento de las células adecuadas para luchar contra el organismo invasor al sitio por donde este ha intentado penetrar.

Todas estas funciones dependen, para desarrollarse correctamente, de una miríada de otros receptores, de moléculas y genes que se ponen en marcha en las células adecuadas. El sistema es tan complejo y depende de tantos factores que sería imposible que no cometiera algún error en la interpretación de la información captada y en las decisiones defensivas que debe tomar de acuerdo con esa información. Por desgracia, dependiendo en gran medida de las variantes de genes que se hayan heredado, hay personas cuyo sistema inmunitario está más predispuesto a cometer algunos errores, los cuales pueden conducir a enfermedades autoinmunitarias o al desarrollo de alergias.

50.000 LINFOCITOS

Volviendo a estas últimas, como decíamos, no es conocido por qué algunas personas desarrollan alergias a una sustancia concreta y otras no, a pesar de que la sustancia pueda ser prácticamente ubicua y estar casi literalmente en todas partes. Una de estas sustancias siempre presentes es el polvo de ácaros, constituido por restos de los cuerpos de estos microscópicos arácnidos que comen y duermen con nosotros.

Para intentar averiguar cuáles pueden ser las razones de las diferencias en la susceptibilidad a la alergia entre las personas, investigadores del Instituto de Inmunología de la Jolla, en California, utilizan una de las técnicas más poderosas de la biología molecular. Esta técnica permite analizar los genes que se encuentran funcionando en células individuales y compararlos entre sí.

Los investigadores consiguen analizar así los genes que se encuentran funcionando en el tipo de células del sistema inmunitario más importante para el desarrollo de las alergias: los linfocitos T. Los científicos analizan poblaciones de 50.000 linfocitos T extraídas de tres grupos de pacientes con alergias o de personas sanas, y estudian los diferentes tipos de linfocitos T presentes en esas poblaciones. Los tres grupos de personas alérgicas comprenden personas con asma alérgica y alergia al polvo de ácaros, personas con alergia al polvo de ácaros, pero que no tienen asma, y personas que tienen asma, pero no tienen alergia al polvo de ácaros.

La "personalidad" de las células del organismo depende del conjunto de genes que estas tienen funcionando. Los científicos averiguan así que las personas con asma y alérgicas a los ácaros poseen un exceso de un tipo ya conocido de linfocitos, llamado TH2-IL-9. Estos linfocitos producen elevadas cantidades de la citocina IL-9, que estimula las reacciones alérgicas.

Sin embargo, las personas no alérgicas poseen mayor cantidad de un nuevo tipo de linfocito T con una "personalidad" no identificada hasta ahora, es decir, con un conjunto particular de genes en actividad no identificado anteriormente. Este nuevo tipo de linfocito T produce elevadas cantidades de la citocina llamada TRAIL, que puede inducir la muerte de ciertas células, entre las que se sospecha pueden encontrarse los linfocitos del tipo anterior, los TH2-IL-9. De esta forma, la producción de estos nuevos linfocitos TRAIL protegería del desarrollo de las alergias.

Estos nuevos descubrimientos suponen un progreso importante en la comprensión del sistema inmunitario y de las reacciones alérgicas, aunque siguen sin ser conocidas con precisión las razones

111

que conducen al desarrollo de uno u otro tipo de linfocito T. Estos nuevos avances hacen posible considerar nuevas estrategias terapéuticas para el tratamiento de las alergias que intenten bloquear la actividad de la citocina IL-9 y que potencien la actividad de la citocina TRAIL. Son buenas noticias para los miles de millones de personas alérgicas en el mundo.

Referencia: Seumois et al., *Sci. Immunol.* 5, eaba6087 (2020) 12 June 2020.

Jorge Laborda, 12 de julio de 2020

UN POCO DE OXÍGENO PARA LA EVOLUCIÓN

Uno de los aspectos más fascinantes de la ciencia es que nos proporciona una narrativa de cómo y por qué las cosas son como son. Esta narrativa revela una ingente cantidad de eventos que, de no haber sucedido o haber sucedido de otro modo, habrían hecho imposible nuestra existencia.

Estos eventos suelen ser de una enorme dimensión: grandes erupciones volcánicas, colisiones de asteroides, drásticos cambios climáticos. Todos ellos modularon la evolución de la vida y la aparición de la inteligencia. Sin embargo, existen pequeños eventos sucedidos en algunas moléculas que son al menos tan importantes como ellos para nuestra existencia. Uno de esos eventos originó la hemoglobina.

Si la hemoglobina no existiera, la vida de animales terrestres de una talla superior a la de un pequeño gusano sería imposible. Esto es así porque el oxígeno, sin ser transportado por la hemoglobina de la sangre, no podría difundir desde el aire más que unos pocos milímetros en el interior del cuerpo de los animales. El oxígeno no es un gas muy soluble en agua, por lo que el plasma sanguíneo por sí solo no puede transportar a los tejidos el oxígeno necesario para un metabolismo rápido. Sin hemoglobina, un cerebro de la complejidad y talla del nuestro sería impensable, nunca mejor dicho.

¿Por qué la hemoglobina es tan adecuada para el transporte de oxígeno? La respuesta a esta pregunta reside en su estructura molecular. La hemoglobina está formada por cuatro proteínas iguales dos a dos. Estas dos proteínas se denominan la cadena alfa y la cadena beta. Una cadena alfa se une a una beta y estas dos se unen a otra combinación de cadenas alfa-beta.

Cada una de las cuatro cadenas lleva unida una molécula que contiene un átomo de hierro. Esta molécula se denomina el grupo hemo, que da a la hemoglobina su nombre. El átomo de hierro del grupo hemo es el encargado de unir un átomo de oxígeno. Así, cada molécula de hemoglobina es capaz de unir cuatro átomos de oxígeno.

UN GPS PARA LA HEMOGLOBINA

Sin embargo, para transportar de manera adecuada el oxígeno en la sangre no basta con capturarlo en cantidad suficiente. La hemoglobina debe también detectar en qué parte del organismo se encuentra. Si se encuentra en los pulmones, debe ser capaz de capturar el oxígeno con mucha fuerza y no soltarlo. Cuando con la circulación de la sangre llega a los órganos y tejidos, la hemoglobina debe ser también capaz de detectar que se encuentra en ellos y disminuir la fuerza con la que une al oxígeno para poder soltarlo.

Que la hemoglobina sepa dónde se encuentra es posible porque esta detecta tanto la cantidad de oxígeno disponible, como la acidez del plasma sanguíneo en su entorno. En los pulmones abunda el oxígeno y se está expulsando dióxido de carbono, un gas que disuelto en agua produce ácido carbónico. La expulsión del dióxido de carbono en los pulmones hace que disminuya la cantidad de ácido carbónico, lo que también disminuye la acidez de la sangre. En cambio, en el resto de los órganos se está consumiendo oxígeno y este abunda mucho menos que en el pulmón. Al mismo tiempo, se está generando dióxido de carbono en el metabolismo. Esto hace que al disolverse en el plasma sanguíneo este gas genere ácido carbónico y la acidez de la sangre aumente.

Cada cadena alfa y beta de la hemoglobina es capaz de detectar la cantidad de oxígeno y el nivel de acidez. Más aún: cada cadena puede comunicar esta información a sus cadenas vecinas. Esto consigue que cada cadena alfa y beta colabore con las demás y haga lo mismo que ellas en el momento adecuado. Así, en los pulmones, la colaboración entre las cadenas permite una captación del oxígeno coordinada y muy eficiente. En los tejidos, este gas es igualmente liberado de manera coordinada y extremadamente eficiente por las cuatro cadenas.

Resurrección molecular

¿Cómo ha evolucionado esta capacidad de la hemoglobina que la convierte en un transportador de oxígeno sin parangón? Esto no era conocido en detalle. Se sabía que los ancestros de la hemoglobina estaban inicialmente formados por una sola cadena aislada que solo podía capturar un solo átomo de oxígeno. La cadena solitaria no era capaz de detectar la cantidad de oxígeno ni la acidez del entorno con precisión y, por supuesto, carecía de la propiedad de la colaboración, puesto que una cadena solitaria no puede colaborar con otras. La colaboración necesita interacción.

Por consiguiente, para que la hemoglobina apareciera fue necesario que su gen ancestral primero se duplicara y donde había uno ahora hubiera dos, el alfa y el beta. Posteriormente, fue también necesario que estos genes mutaran cada uno por su lado y que esas mutaciones permitieran generar la combinación de las cuatro cadenas que existe hoy. Todo este proceso parece complejo, e improbable.

Para intentar averiguar cómo pudo suceder, un grupo internacional de investigadores ha conseguido "resucitar", mediante una combinación de técnicas bioinformáticas y de biología molecular, al siguiente ancestro más probable de la hemoglobina. Esta molécula surgió hace alrededor de 400 millones de años y estaba formada por la unión de solo dos cadenas de proteína idénticas. Esta hemoglobina tampoco poseía las propiedades de la hemoglobina actual.

Los investigadores intentan reconstruir el camino evolutivo que desde el segundo ancestro de la hemoglobina pudo originar la hemoglobina moderna. Esperaban tener que considerar decenas de mutaciones diferentes en los dos genes primigenios, ocurridas a lo largo de decenas de millones de años. Sin embargo, no fue así. Sorprendentemente, los científicos descubren que solo dos mutaciones en zonas particulares de los genes ancestrales, que modifican la superficie de las cadenas alfa y beta y permiten su interacción, son suficientes para generar una hemoglobina muy similar a la actual y con similares propiedades.

Estos estudios demuestran que, al menos a nivel molecular, cambios puntuales en ciertos genes pueden permitir grandes saltos evolutivos. En este caso, dos pequeñas mutaciones hicieron posible nada menos que el proceso de la respiración por pulmones y branquias y la aparición de animales de metabolismo rápido, como los mamíferos. Y aquí estamos.

Referencia: Arvind S. Pillai (2020). Origin of complexity in haemoglobin evolution. Nature, https://doi.org/10.1038/s41586-020-2292-y

Jorge Laborda, 19 de julio de 2020.

Vida en la galaxia: mejor, imposible

Quizá la cuestión científica, también filosófica y religiosa, más importante por resolver es la de si existen otros seres inteligentes en el universo. En ausencia de la posibilidad de una observación directa que lo demuestre, la ciencia solo puede adquirir conocimiento cada vez más preciso sobre la existencia de planetas que cuenten con las condiciones necesarias para el desarrollo de la vida. Este conocimiento debería permitir estimar con creciente seguridad cuál es la probabilidad de que otros seres estén también formulándose esta pregunta, o se la hayan formulado antes de extinguirse.

Los científicos están hoy convencidos de que los seres vivos solo pueden existir basados en la química del carbono. No habría en el universo seres vivos basados en una química diferente.

Para que se origine vida, la química del carbono requiere, además, la presencia de agua líquida. Esto implica que la vida solo podrá desarrollarse en la superficie de los planetas (su interior es, en general, demasiado caliente).

También implica que estos planetas deberán estar situados a una distancia adecuada de la estrella que les irradia con su energía luminosa. Una distancia demasiado corta y el agua será solo vapor; una distancia demasiado larga y el agua será solo hielo. El rango de distancia en la que el agua es líquida define la llamada zona habitable de la estrella.

Hasta el momento, en la galaxia se han catalogado 4.158 exoplanetas, es decir, planetas que orbitan otras estrellas diferentes del Sol. La mayoría de los planetas no se encuentran en la zona habitable, son planetas gaseosos gigantes, mayores aún que Júpiter, y orbitan a distancias muy cortas de la estrella central. En conclusión, la mayoría de los planetas descubiertos no son adecuados para albergar vida.

Además, que un planeta se encuentra en la zona habitable de una estrella no es suficiente. Los científicos han averiguado que los planetas deben cumplir también otras condiciones. De lo contrario, bien la vida no podrá surgir, bien si esta surge, no podrá evolucionar durante el largo periodo de tiempo necesario para que puedan aparecer seres inteligentes.

¿Cuáles son estas condiciones? La primera es que el planeta sea rocoso, es decir, de una naturaleza similar a la de los planetas interiores del sistema solar. La segunda es que posea un campo magnético suficientemente intenso. La tercera que posea tectónica de placas.

PLACAS DE VIDA

Analicemos esta última propiedad. La tectónica de placas solo puede existir si la temperatura del interior del planeta es lo suficientemente elevada. Esto impide que la corteza exterior forme un único bloque y aísle al interior del planeta del resto del universo.

Una mayor temperatura interior mantiene a la corteza exterior fragmentada, con placas que chocan y se sumergen unas debajo de las otras. Esto permite que el calor del interior del planeta se escape poco a poco al exterior. La tectónica de placas actúa como una especie de termostato y ayuda a mantener la temperatura de la superficie del planeta.

Sin embargo, según los expertos, la consecuencia más importante de la tectónica de placas es que actúa para permitir un mayor enfriamiento del núcleo planetario. Este enfriamiento favorece la generación de un campo magnético fuerte por dicho núcleo, la segunda condición para el desarrollo de la vida mencionada antes. El campo magnético protege de la radiación estelar, lo que permite que los planetas posean atmósferas más densas, que también desempeñan un papel protector para la vida.

Vemos así que las tres condiciones mencionadas antes están relacionadas y dependen de que el planeta cuente con tectónica de placas. No todos los planetas rocosos en las zonas habitables cumplirán esta condición, tendrán un campo magnético fuerte y serán favorables al desarrollo de la vida. ¿Qué circunstancias son necesarias para que se formen planetas que posean tectónica de placas?

Los científicos no han adquirido suficientes datos sobre las características de los exoplanetas como para poder extraer conclusiones basadas en la observación. Su lejanía hace esto muy difícil. Sin embargo, los conocimientos adquiridos, aunque limitados, pueden utilizarse para realizar simulaciones por ordenador del proceso de formación planetaria. Estas simulaciones, llevadas a cabo en los supercomputadores del centro nacional australiano de computación, permiten estimar la proporción de planetas en la galaxia que poseería tectónica de placas de acuerdo con su temperatura, su composición química y otros factores.

Los resultados indican que los planetas que se pudieron formar primero en la vida de la galaxia disponían de una composición química más favorable al desarrollo de la tectónica de placas. La composición química de la galaxia cambia a medida que las estrellas van generando elementos químicos en su interior, y algunas de ellas los dispersan al final de su vida cuando explotan como estrellas supernovas. La evolución química de la galaxia haría cada vez más improbable la formación de nuevos planetas con las características necesarias para desarrollar tectónica de placas y, por consiguiente, favorables para el desarrollo de la vida.

De estar en lo cierto, estos resultados indican que la galaxia era más favorable al desarrollo de la vida en el pasado que lo es ahora. Que surja y se mantenga la vida es cada vez más difícil a medida que progresa la evolución de la galaxia. Esto implica, a su vez, que el desarrollo de seres inteligentes será también cada vez más difícil y que probablemente los que hayan surgido y sobrevivido hasta este momento sean los únicos que la galaxia posee.

Cada estudio sobre estos temas parece querer decirnos que, si no estamos solos, los seres inteligentes no abundan en el universo. La humanidad y el planeta sobre la que esta vive son, por tanto, unas extraordinarias joyas de las que puede depender la evolución futura de la inteligencia en la galaxia. Una razón más para cuidar mucho al planeta y cuidarnos a nosotros mismos.

Referencias:

(1) https://www.eurekalert.org/pub_releases/2020-06/gc-lit061920.php
(2) https://aspect.geodynamics.org/
(3) https://goldschmidt.info/2020/abstracts/abstractView?id=2020001810

Jorge Laborda, 26 de julio de 2020.

El increíble piojo sumergible

Cuando hablamos de animales de compañía, rara vez pensamos en los piojos. Sin embargo, estos fieles chupasangres nos han acompañado desde el momento mismo en que los seres humanos aparecimos sobre la Tierra.

Se han identificado alrededor de cinco mil especies de piojos, todos ellos parásitos obligados, es decir, forzados a vivir en todo momento de su miserable existencia adosados a la piel de algún animal de sangre caliente. Más de 4.000 especies de piojos viven infestando a las aves. No hay, al parecer, especie de ave que se libre de ello. Sí, los pingüinos también tienen piojos. Nada menos que quince especies diferentes son capaces de infestarlos.

Unas 800 especies de piojos infestan a los mamíferos. En este caso sí hay algunos a los que los piojos dejan tranquilos, entre los que se encuentran los monotremas (ornitorrincos y equidnas, que viven en Australia), los pangolines y los murciélagos.

Los seres humanos contamos con tres tipos de piojos: el piojo de la cabeza, el piojo corporal y la ladilla, o piojo púbico. El piojo de la cabeza nos acompaña desde antes de que humanos y chimpancés iniciaran caminos evolutivos diferentes, a partir de su ancestro común, hace al menos siete millones de años. Curiosamente, el piojo corporal parece ser exclusivo del ser humano. Este piojo es, en realidad, una subespecie del piojo de la cabeza e inicia su evolución desde el momento en que el ser humano comienza a cubrir su cuerpo con pieles o ropa, lo que le permite colonizarlo.

Los estudios genéticos realizados con piojos de cuerpo y cabeza han permitido así descubrir que el ser humano se viene cubriendo el cuerpo desde hace unos 80.000 años, como poco, puede que incluso decenas de miles de años más. En todo caso, estos estudios indican con claridad que el *Homo sapiens* ya se vestía miles de años antes de que abandonara África y colonizara el planeta entero.

La historia del piojo púbico es diferente. Este no parece provenir de los otros dos, sino que los humanos lo adquirimos hace unos 3 o 4 millones de años a partir de un piojo del gorila. No es conocido, ni oso imaginar, cómo pudo suceder esta adquisición, pero me viene a la mente una canción del pasado siglo, del cantautor francés George Brassens, titulada *gare au gorille*, de la que se han producido varias versiones en español. La canción versa sobre las aventuras de un gorila que se escapa del zoo y, si la escuchas con atención, estoy seguro de que te proporcionará algunas interesantes pistas.

Condenados a evolucionar juntos

Sea como sea, al igual que los piojos de cabeza y cuerpo, una vez adquirido desde el gorila, el piojo púbico comienza una evolución conjunta con nosotros. Esta es una de las características más importantes de estas especies de insectos. A lo largo de su evolución los piojos han debido adaptarse a las condiciones de vida particulares de las especies que parasitan y han debido evolucionar juntamente con estas cuando esas condiciones cambiaban.

Esta evolución conjunta resulta muy evidente en el caso de los piojos que parasitan a los mamíferos marinos. Aunque los pingüinos también tienen piojos, estas aves no se sumergen a las enormes profundidades, ni por los prolongados tiempos, que lo hacen ciertas especies de focas, leones y elefantes marinos. Estos últimos animales pueden sumergirse hasta los dos mil metros de profundidad. ¿Cómo se han adaptado los piojos de los mamíferos marinos a su modo de vida?

Esta cuestión no era del todo conocida. Se han considerado varias posibilidades. La primera es que los piojos de estos animales mueren cuando se sumergen a altas profundidades. Para sobrevivir, los piojos de estas especies quizá hayan podido adaptarse para reproducirse con rapidez y pasar rápidamente de unos animales a otros antes de morir ahogados. Al fin y al cabo, solo los animales marinos adultos más fuertes se sumergen a grandes profundidades; los animales jóvenes no lo hacen. Otra posibilidad es que los piojos abandonen sus anfitriones cuando estos se sumergen y puedan

122

sobrevivir lo suficiente en el océano para parasitar a otro animal cercano.

Aún otra posibilidad, sin embargo, es que los piojos de los mamíferos marinos hayan sufrido adaptaciones que les permitan sobrevivir sumergidos por largos periodos y en condiciones de elevadísimas presiones. Recordemos que la presión atmosférica se duplica por cada 10 metros de profundidad en el agua de mar, por lo que una profundidad de 2.000 metros supone una presión de alrededor de 200 atmósferas.

Un grupo de investigadores argentinos realiza ahora una serie de interesantes experimentos para intentar averiguar qué tipo de adaptaciones han adquirido las especies de piojos de los mamíferos marinos. En ellos, utilizando un aparato hidrostático, someten a varios especímenes de piojos, separados de la piel de cachorros de elefantes marinos, a presiones de 80 a 200 atmósferas y ausencia de oxígeno, sumergidos en agua de mar. Los piojos fueron sometidos igualmente a cambios bruscos de presión, como los que suceden cuando los animales marinos se sumergen rápidamente o suben con rapidez a la superficie.

Los resultados de estos experimentos son claros. Los piojos adultos, y también las ninfas de estos insectos, es decir, insectos aún inmaduros en proceso de conversión en adultos, son capaces de soportar presiones de hasta 200 atmósferas sin morir aplastados, ni ahogados. Uno de estos piojos fue sometido por error a una presión de 450 atmósferas por varios minutos, y aun así sobrevivió. Igualmente, los piojos toleran cambios bruscos de presión. Estas altas presiones y cambios son tolerados de manera independiente, es decir, son adaptaciones autónomas que no dependen de la protección que de algún modo pudieran recibir de la piel de su hospedador.

Por el momento, los autores solo pueden especular sobre las razones de tan sorprendentes propiedades de los piojos marinos. Mencionan tres: La presencia de pequeñas escamas en estos piojos, que podrían proporcionar resistencia mecánica al aplastamiento, la capacidad de frenar su metabolismo para reducir el consumo de oxígeno, y la capacidad de absorber oxígeno del agua de mar. Serán necesarios nuevos estudios para determinar con exactitud el papel de estas potenciales adaptaciones, así como los genes responsables de las mismas.

Referencia: María Soledad Leonardi et al (2020). Under pressure: the extraordinary survival of seal lice in the depth of the sea. *Journal of Experimental Biology*. https://jeb.biologists.org/content/early/2020/07/16/jeb.226811

Jorge Laborda, 2 de agosto de 2020

¿PANDEMIAS DESDE EL ESPACIO EXTERIOR?

La pandemia de COVID-19 ha puesto de manifiesto a todo el mundo la importancia de nuestro sistema inmunitario para hacer frente a infecciones de microorganismos en continua evolución. Aquellos que, gracias a mutaciones aleatorias, logran ocupar un espacio para el que el sistema inmunitario de una especie dada no está preparado debidamente para combatirlo, pueden causar graves epidemias.

Si microrganismos terrestres que han evolucionado con nosotros pueden causar epidemias, ¿sería posible que microorganismos no terrestres las pudieran también causar si llegan hasta nuestro planeta? ¿Debemos preocuparnos por esta posibilidad?

En mi opinión, no debemos preocuparnos, por el momento. Estamos lejos del escenario de la novela de Michael Crichton, *La Amenaza de Andrómeda*, publicada en 1969. Sin embargo, la cuestión tiene su importancia desde el punto de vista científico. Es posible que puedan existir microorganismos similares a las bacterias en otros planetas del sistema solar. Marte puede tal vez albergar vida en su subsuelo. Algunos satélites de Júpiter o de Saturno también podrían albergar vida microscópica.

Se han enviado recientemente nuevas sondas espaciales a Marte en busca de signos potenciales de vida. Algunas de esas misiones, en particular la misión *Perseverance*, lanzada hace unos días, se propone recolectar materiales que serían transportados a la Tierra para su análisis en profundidad. Por ello, esta misión podría incluso traer desde Marte algún microorganismo marciano. Esto sería una noticia bomba, pero ¿cómo respondería nuestro sistema inmunitario a su presencia aquí?

Para responder a esta pregunta, solo caben dos posibilidades. La primera es estimar lo que podría suceder de acuerdo con lo que ya sabemos sobre el funcionamiento del sistema inmunitario. La pandemia de coronavirus, y también la de SIDA y las diversas epidemias de gripe sufridas, ponen de manifiesto que este sistema no es perfecto. Muchas personas sucumben a la infección por un nuevo microorganismo terrestre que pueda surgir por mutación.

Sin embargo, es también cierto que la mayoría de las personas no mueren, ni siquiera sufren una enfermedad grave. Esto es así gracias a la diversidad existente entre los individuos de una especie. Esta diversidad hace a los individuos más o menos susceptibles a infecciones concretas, pero, en su conjunto, hacen a las especies inmunes frente a las amenazas infecciosas. En otras palabras, algunos individuos siempre se defienden con éxito frente a un nuevo microrganismo infeccioso y eso asegura la supervivencia de la especie.

Las especies, en general, no se extinguen debido a una epidemia, a menos que otros factores, como drásticos cambios climáticos, sequías extremas, etc. cooperen con ella para conducir a su extinción. Podemos por ello suponer que un microorganismo extra planetario, si bien podría ser incluso más peligroso que los terrestres, sería vencido en una proporción mayor o menor por los miembros de nuestra especie.

PROTEÍNAS EXTRATERRESTRES

En apoyo de esta idea, sabemos que nuestro sistema inmunitario es capaz de generar anticuerpos capaces de unirse a cualquier molécula orgánica del mundo exterior, aunque jamás se haya encontrado con ella antes. Es más, es capaz de generar anticuerpos contra moléculas que aún no existen. Por ejemplo, un nuevo fármaco que pueda ser sintetizado de aquí a unos años podrá inducir la generación de anticuerpos contra él. El sistema inmunitario está preparado para generar anticuerpos contra cualquier amenaza con la que pueda encontrarse.

Sin embargo, para generar anticuerpos de elevada fuerza de unión, realmente eficaces, los linfocitos B que los producen necesitan la ayuda de otros linfocitos, los llamados linfocitos T. Estos linfocitos están especializados en detectar fragmentos pequeños de las proteínas en la superficie de nuestras células. Cuando detectan alguno procedente de alguna proteína extraña, lo que indica una infección, pueden activarse y algunos de ellos pueden ayudar a los linfocitos B a generar anticuerpos muy potentes.

Los linfocitos T de humanos y animales están adaptados para detectar fragmentos de las proteínas propias de la vida en la Tierra, que cuentan con 20 aminoácidos. Sin embargo, en la Naturaleza existen más de 500 aminoácidos. Esto quiere decir que podría ser posible que seres vivos extraterrestres contaran con aminoácidos diferentes de los de nuestras proteínas, los cuales tal vez no fueran debidamente detectados por los linfocitos T. En ese caso, no podríamos producir anticuerpos eficaces.

ESTUDIOS DE LABORATORIO

Esto nos conduce a la segunda posibilidad para analizar qué podría suceder si nos encontráramos con un microorganismo extraterrestre. Esta segunda posibilidad es estudiar en el laboratorio cómo responderían los linfocitos T a fragmentos de proteínas formados por aminoácidos no presentes en las proteínas terrestres.

Estos estudios han sido realizados por científicos británicos, utilizando péptidos sintetizados en el laboratorio que contienen dos aminoácidos poco abundantes en la Tierra, pero que sí abundan en los meteoritos. Los estudios se han llevado a cabo con linfocitos T aislados de ratones de laboratorio, los cuales funcionan de manera muy similar a los linfocitos T humanos.

Los resultados indican con claridad que los linfocitos T detectan de manera menos eficiente a los fragmentos de proteínas que contienen estos dos raros aminoácidos. Los autores del estudio concluyen que de existir microorganismos extraterrestres y ser transportados a la Tierra, podrían suponer una clara amenaza para la salud de la humanidad, ya que el sistema inmunitario no podría defenderse con una eficacia similar a la que consigue frente a organismos terrestres.

Sin embargo, todavía no sabemos si los potenciales organismos extraterrestres utilizarán aminoácidos diferentes de los nuestros.

Como hemos dicho, hay unos 500 aminoácidos en la Naturaleza, de los que los seres vivos empleamos solo 20 para sintetizar proteínas. Es posible que exista una buena razón por la que la vida ha seleccionado esos 20 aminoácidos y no usa los otros más de 480 restantes. En ese caso, es posible que la vida en otros planetas use también los mismos aminoácidos que emplea la vida en la Tierra. Tal vez sean esos los más adecuados para la generación de las proteínas que la vida necesita.

Referencia: Katja Schaefer et al. (2020). A Weakened Immune Response to Synthetic Exo-Peptides Predicts a Potential Biosecurity Risk in the Retrieval of Exo-Microorganisms. https://www.mdpi.com/2076-2607/8/7/1066/htm

Jorge Laborda, 9 de agosto de 2020

La covid-19 nos revela una nueva inmunodeficiencia

El ser humano siempre desea explicaciones que hagan más aceptables los avatares de la vida y estas siempre son propuestas. Antiguamente, en épocas pre-científicas, una razón avanzada para explicar los caprichos de una u otra enfermedad, que , como la COVID-19, mataba a unos y perdonaba a otros, bien pudiera ser que las personas que se salvaban fueran puras y pías, mientras que las que sucumbían fueran mortales pecadoras.

Al contrario, podría ser que los que se salvaran lo hicieran gracias a algún pacto con el diablo, mientras que los que sucumbían seguían, obedientes, la llamada del destino. En ausencia de conocimiento científico, todas las explicaciones eran igual de válidas o, mejor dicho, igual de inválidas.

Grave COVID-19 fraternal

Afortunadamente, el conocimiento acumulado durante décadas sobre las razones de las diferencias entre los seres humanos, tanto en sus cualidades de todo tipo como en sus susceptibilidades a las enfermedades, ha permitido concluir que el principal factor que las explica son los genes que nos ha tocado heredar a cada uno. Un ejemplo más que confirma esta conclusión lo proporciona, por desgracia esta vez, la COVID-19.

Ya sabemos que esta enfermedad suele afectar más gravemente a las personas de más edad. Afecta también más a hombres que a mujeres. Sin embargo, puede afectar también a personas jóvenes, e incluso a niños. En este caso, es también probable que los jóvenes afectados sean hermanos. La razón de esto ha sido estudiada por científicos de la universidad de Radboud, en Nijmegen, Holanda.

Durante el pico de la epidemia, dos parejas de jóvenes hermanos necesitaron ser ingresadas en el hospital y sometidas a ventilación mecánica. Uno de los cuatro no sobrevivió. Esta situación era sorprendente y los científicos decidieron estudiarla.

UNA "LETRA" TUYA BASTARÁ PARA ENFERMARME

Defectos en muchos genes conducen a inmunodeficiencias que impiden la correcta defensa frente a uno u otro tipo de infecciones. Puesto que los pacientes eran hermanos, los principales sospechosos eran los genes que estos compartían. Por ello, los investigadores intentaron encontrar alguna mutación compartida por los hermanos que afectara a algún gen implicado en la respuesta defensiva del sistema inmunitario frente al coronavirus. Esta intuición se reveló cierta.

La primera pareja de hermanos mostró una mutación que había eliminado unas cuantas "letras" en el ADN del gen llamado TLR-7. La ausencia de esas "letras" modificaba tan gravemente la información genética que hacía imposible la generación de la proteína a partir del ADN.

La segunda pareja de hermanos también poseía una mutación en el mismo gen, TLR-7. En este caso, la mutación afectaba a una sola de las "letras", pero también invalidaba la información del gen y hacía imposible la generación de la proteína. En este último caso, solo una letra en el genoma de esos dos hermanos marcaba la diferencia entre la vida y la muerte por infección de coronavirus, muerte que se habría producido en todos los casos en ausencia de medicina moderna.

Curiosamente, no se habían identificado antes problemas inmunitarios causados por defectos en el gen TLR-7. Ha sido la pandemia de COVID-19 la que ha permitido descubrir este hecho.

EL DETECTOR TLR-7

¿Qué función inmunitaria desempeña el gen TLR-7? Este gen es uno de los diez genes TLR con los que contamos los humanos. Estos genes producen proteínas especializadas en detectar componentes moleculares de los microorganismos.

Cuando los microorganismos pretenden invadirnos, las proteínas TLR son las primeras en detectarlos y dar la alarma. Cada proteína TLR detecta un componente molecular particular. Por ejemplo, la TLR-4 detecta hidratos de carbono propios de algunas bacterias, y la TLR-5 detecta componentes de los flagelos bacterianos.

La proteína TLR-7 se localiza en vesículas en el interior de las células, llamadas endosomas, y es la encargada de detectar ARN extraño que haya podido penetrar en la célula. Precisamente, el genoma del coronavirus SARS-CoV-2, causante de la COVID-19, está formado por ARN. En ausencia de proteína TLR-7, este ARN invasor no puede ser detectado. Es como si las células fueran sordas o ciegas a la presencia de este tipo de virus.

Cuando el gen TLR-7 funciona con normalidad, la proteína TLR-7 producida, al detectar el ARN extraño, se activa y desencadena una serie de procesos bioquímicos y genéticos que ponen a las células en un estado de defensa frente a los virus. Las células pueden así disminuir la síntesis de proteínas, para impedir que las del virus que las ha infectado también se sinteticen; pueden destruir con más rapidez las proteínas detectadas como extrañas, y pueden secretar al exterior unas proteínas llamadas interferones de tipo 1.

Estas últimas proteínas viajan desde la célula infectada a las células vecinas no infectadas aún y les avisan de que un virus enemigo ronda los alrededores. Esto consigue que las células vecinas cambien su estado y se preparen para hacer más difícil que el virus las infecte. Por consiguiente, en ausencia del gen TLR-7 el sistema inmunitario solo puede defenderse del coronavirus por otros medios que llevan más tiempo poner en marcha. Por desgracia, el tiempo necesario es demasiado para algunos.

Curiosamente, el gen TLR-7 se encuentra en el cromosoma X. Es uno más de los muchos del sistema inmunitario que se localizan en ese cromosoma. Esto hace a los hombres más vulnerables que a las mujeres, ya que heredar un cromosoma X defectuoso de la madre portadora es suficiente para generar la deficiencia inmunitaria en los varones. Las mujeres heredan dos cromosomas X y con que tengan solo uno sano es probablemente suficiente para disponer de una protección adecuada. Esto explica por qué las parejas afectadas eran de hermanos, y no de hermanas.

Finalmente, es muy posible que variantes del gen TLR-7 que no lo inutilicen hagan sin embargo que la proteína producida lo sea en mayor o menor cantidad en diferentes personas. Posiblemente algunas variantes de TLR-7 puedan ser también más o menos eficaces para detectar el ARN del coronavirus y desencadenar los procesos de defensa frente a él. Además, variantes en los genes que participan en este mecanismo de defensa podrían también afectar a su eficacia. Así, según las variantes de esos genes que tengamos seremos más o menos susceptibles a la enfermedad. Sea como sea, te deseo buena suerte con tus genes.

Referencias:
  (1) Caspar I. van der Made et al. (2020). Presence of Genetic Variants Among Young Men With Severe COVID-19. JAMA. Published online July 24, 2020. doi:10.1001/jama.2020.13719. https://jamanetwork.com/journals/jama/fullarticle/2768926
  (2) Jorge Laborda (2020). Tus defensas frente al coronavirus. https://www.lulu.com/en/us/shop/jorge-laborda/tus-defensas-frente-al-coronavirus/ebook/product-186j7j8e.html

Jorge Laborda, 16 de agosto de 2020

ENGRANAJES DE MUERTE Y DE VIDA

Cuando pensamos en la vida desde el punto de vista científico, probablemente lo primero que imaginemos sea la miríada de procesos bioquímicos y fisiológicos que deben ser finamente modulados de modo que esta pueda proceder con normalidad. Creo que pocas veces pensamos, sin embargo, que para que los organismos puedan vivir en perfecto estado de salud, la duración de la vida de las células que los componen debe ser también regulada.

No todas las células de nuestro organismo pueden poseer la misma longevidad. Por ejemplo, algunas células del sistema inmunitario innato, como los neutrófilos que fagocitan bacterias, llevan una vida intensa, pero corta. En cambio, los linfocitos memoria, que permiten una defensa rápida frente a microorganismos que ya nos han infectado antes, son de vida mucho más larga, pudiendo vivir más de una década.

Las células de mayor longevidad en los animales son las neuronas. Estas forman redes conectadas cuya estructura debe ser mantenida toda la vida del organismo del que forman parte. De ello dependen todo lo aprendido por este para sobrevivir y el control de gran cantidad de procesos vitales. La muerte de las neuronas desorganiza la estructura de las redes de las que forman parte.

Por ello, no es posible sustituir a las neuronas muertas simplemente por otras. Sería necesario que las sustitutas establecieran las mismas conexiones con las demás para mantener la estructura de la que las anteriores formaban parte. Estas conexiones son muy numerosas y particulares y, por ello, muy difíciles de repetir. Esta es la razón por la que las neuronas deben ser de vida muy larga, ya que su muerte temprana conllevaría la pérdida de las funciones del sistema nervioso y la muerte de todo el organismo.

SUICIDIO VITAL

¿Cómo regulan su longevidad los distintos tipos de células del organismo? Lo que se conoce hasta ahora apunta a que el principal proceso que afecta a la longevidad de cada tipo celular es el proceso de muerte celular programada, llamado, en lenguaje científico, apoptosis.

Podrá parecer absurdo cuando se trata de mantener la vida, pero cada célula del organismo viene equipada de serie con un mecanismo de suicidio. Esto da una idea de la importancia que tiene la muerte de células individuales para la vida del organismo. Que se desencadene este mecanismo de muerte o no depende de varios factores.

En primer lugar, tenemos factores externos, como disponibilidad de nutrientes, o si la célula detecta que ha sido infectada por un virus, por ejemplo. En segundo lugar, tenemos factores internos. Entre estos uno de los más importantes es la sensibilidad del mecanismo de suicidio que cada célula posee, es decir, la facilidad con que este mecanismo se desencadena en cada tipo de célula.

La investigación científica ha desvelado que el mecanismo de suicidio dispone de varias proteínas que lo regulan, producidas por la actividad de sus genes correspondientes. Algunas de esas proteínas son pro-suicidio, es decir, facilitan que se desencadene este al menor signo de problemas. Al contrario, otras proteínas son anti-suicidio y evitan que suceda a menos que las razones para desencadenarlo sean realmente importantes para mantener la salud y la vida del resto del organismo.

DE PRO-MUERTE A PRO-VIDA

Uno de los hechos más fascinantes de los genes productores de las proteínas reguladoras de la vida y de la muerte de las células es que, en algunas ocasiones, un mismo gen puede cambiar la naturaleza de la proteína que produce. Esto quiere decir que el mismo gen puede producir una proteína anti-suicidio o una proteína pro-suicidio, según las circunstancias lo aconsejen. ¿Cómo consiguen esto algunos de los genes del suicidio celular?

Para comprenderlo, debemos tener en cuenta que muchos genes no manifiestan la información que contienen de una sola manera. Un mismo gen puede producir proteínas diferentes haciendo uso del mecanismo llamado procesamiento alternativo del ARN mensajero. Este procesamiento pone o quita determinados fragmentos de información génica, los llamados exones, a la hora de producir las proteínas.

El resultado de este procesamiento es que el mismo gen puede producir una proteína que posee la información para acelerar el suicidio, y puede también producir una proteína que carece de esa información y que por ello va a funcionar de manera anti-suicidio. El concepto es similar a poner o quitar una rueda dentada en un engranaje. Si la ponemos, el engranaje va en una dirección, si la quitamos va en dirección contraria. Esa es la forma en la que se consigue que los coches vayan marcha atrás. De similar forma, estas proteínas funcionan como pro-suicidio o anti-suicidio. El procesamiento alternativo les pone o les quita el "engranaje" necesario.

Con respecto a las neuronas y su larga vida, no estaba aún claro si esta era debida a la cantidad de cuidados que otras células del sistema nervioso les proporcionan, de modo que tengan el menor estrés posible y nunca les falten los nutrientes, o si, además de esto, las neuronas poseían alguna proteína anti-suicidio que hacía mucho mas difícil su muerte. Investigadores de la Universidad de California han descubierto recientemente que este es el caso, y que esta proteína anti-suicidio proviene del mecanismo de procesamiento alternativo de un gen llamado *BAK1*.

Las neuronas, desde que aparecen en el desarrollo embrionario, vienen equipadas para que el ARN mensajero de este gen sea procesado de modo que la proteína BAK1 producida carezca del engranaje pro-suicidio. Al contrario, la proteína BAK1 producida por las neuronas funciona como inhibidora del suicido celular. Esto es, en parte, lo que explica la larga vida de las neuronas.

Este descubrimiento puede tener implicaciones para paliar enfermedades neurodegenerativas debidas a un exceso de muerte neuronal. Si el gen *BAK1* deja de funcionar de manera adecuada, las neuronas podrían morir en exceso y conducir a la degeneración neuronal. Esperemos que este nuevo conocimiento tenga su utilidad y contribuya a acelerar el desarrollo de nuevos tratamientos para algunas de estas terribles enfermedades.

Referencia: Lin et al., Developmental Attenuation of Neuronal Apoptosis by Neural-Specific Splicing of Bak1 Microexon, *Neuron* (2020), https://doi.org/10.1016/j.neuron.2020.06.036

Jorge Laborda, 23 de agosto de 2020

EL ORIGEN DE LOS VALLES DE MARTE

La fascinación solo puede surgir del conocimiento, no de la ignorancia. Por eso la ciencia aumenta la atracción por lo que nos rodea. No puede fascinarnos lo que no conocemos, aunque lo lejano es difícil de conocer.

Marte es uno de los planetas más fascinantes del sistema solar, entre otras cosas porque es uno de los que más se acerca a la Tierra mientras ambos orbitan al Sol. La menor distancia entre Marte y la Tierra es, no obstante, alrededor de 54 millones de kilómetros, distancia que a algunos aún puede parecer demasiado pequeña cuando se trata de alejarse del peligroso coronavirus.

La relativa cercanía de Marte a la Tierra permitió explorar inicialmente al planeta con grandes telescopios. Lo desvelado por estas exploraciones espoleó la imaginación de los terrícolas e inspiró obras inmortales de la ciencia-ficción, como La Guerra de los Mundos, de H.G. Wells. Curiosamente, en esa historia, una pandemia causada por microorganismos terrícolas, para los que los marcianos invasores carecían de defensas adecuadas, es la que acaba con la invasión marciana a nuestro planeta.

La cercanía también ha permitido llevar hasta Marte una diversidad de misiones espaciales no tripuladas. Estas han ido equipadas con una panoplia de instrumentos científicos para analizar su superficie y transmitir a la Tierra una gran cantidad de información.

Gracias a lo anterior, hoy conocemos varios hechos realmente curiosos sobre Marte. Uno de ellos es que, en la actualidad, este planeta no puede contener agua líquida en su superficie. Sus bajas presión atmosférica y fuerza de gravedad no le permiten retener el vapor de agua. Sin embargo, Marte contiene aún tanto hielo en sus polos que, si pudiera ser derretido, cubriría de agua la superficie del planeta con una profundidad de once metros.

Las observaciones y análisis realizados han indicado también que es probable que las tierras bajas del norte de Marte estuvieran cubiertas antaño por un océano de una extensión similar a la del océano ártico terrestre. La mayor parte de esa agua se ha evaporado en el espacio.

Las huellas dejadas supuestamente por agua líquida en la superficie del planeta son realmente muchas y algunas de ellas son impresionantes. El conocido como Ma´adim Vallis, es una de estas huellas. Se trata de un cañón de 700 km de longitud, 20 km de ancho y 2 km de profundidad, significativamente más grande que el cañón del Colorado.

AL SUR DE MARTE

El hemisferio sur de Marte posee una mayor altitud con respecto al hemisferio norte. Esta mayor altitud hizo imposible que ese hemisferio albergara un océano. Sin embargo, el ciclo del agua que antaño podía funcionar en Marte de una maneta similar a como hoy funciona en la Tierra, supuestamente generaba lluvias. Estas presuntas lluvias eran abundantes en el hemisferio sur y formaron supuestos ríos, algunos de ellos verdaderamente enormes, por lo que se deduce de las características de los valles, hoy secos, que han podido ser observados.

No todos los especialistas en Marte y ciencias planetarias están de acuerdo en que Marte contara con numerosos ríos en el pasado. Algunos análisis sobre la evolución del planeta sugieren que este nunca pudo tener una temperatura suficientemente elevada en la superficie como para permitir la existencia de agua líquida en abundancia. De ser esto así, los valles que se formaron antaño en la superficie de Marte deberían haber sido excavados por hielo. En otras palabras, serían valles formados por glaciares, no por ríos.

¿Cómo podríamos averiguar qué fue lo que realmente sucedió?

Cuando la Tierra se observa desde el espacio, pueden advertirse los numerosos valles con los que cuenta nuestro planeta. Algunos de esos valles han sido formados por ríos, otros han sido formados por glaciares y aún otros han sido formados por otros procesos geológicos. Cada tipo de valle tiene sus propias características.

Una miríada de valles marcianos

Algo similar podría haber sucedido en Marte. Algunos de los valles marcianos podrían haber sido formados por ríos; otros, por glaciares, y otros por procesos diferentes. Si pudiéramos identificar las características de los valles marcianos, y compararlas con las de los valles terrestres cuyo origen es conocido, tal vez podríamos dirimir esta cuestión. Zanjaríamos así el debate de si Marte contuvo antaño agua mayoritariamente líquida en su superficie, o si esta estaba mayoritariamente en forma de hielo.

Un grupo de investigadores de la Universidad de Vancouver, en Canadá, ha llevado a cabo un análisis comparativo de más de diez mil valles marcianos. Utilizando un nuevo algoritmo que permite estimar el proceso de erosión que originó el valle, los investigadores concluyen que la mayoría de los valles analizados fueron formados por glaciares.

Para confirmar esta conclusión, los investigadores comparan los valles marcianos con valles terrestres formados por glaciares. En particular, los comparan a los valles glaciares de Devon, la isla no habitada más grande del mundo, que forma parte de un gran archipiélago situado al norte de Canadá y al oeste de Groenlandia. La comparación demuestra que la mayoría de los valles marcianos comparten significativas características geológicas con los valles de Devon, lo que indica que fueron formados por glaciares.

¿Qué importancia puede esto tener para la cuestión marciana que más importa a la humanidad? Pues resulta que son buenas noticias. La posible vida que pudo desarrollarse en Marte se vería favorecida por los glaciares y la capa de hielo que podría cubrir buena parte de ese planeta. Esta capa permitiría la presencia de agua líquida en su fondo, una temperatura que, aunque fría, sería muy estable y una protección de la radiación solar proporcionada por el hielo, que en un planeta con una débil atmósfera adquiere mayor importancia.

Varias misiones han sido lanzadas recientemente hacia Marte. Una de ellas pretende incluso traer a la Tierra muestras de suelo marciano para su análisis. Quizá en unos años podamos contar la noticia que muchos deseamos ¿Será verdad que en Marte una vez hubo vida?

Referencia: Grau Galofre, A., Jellinek, A.M. & Osinski, G.R. Valley formation on early Mars by subglacial and fluvial erosion. *Nat. Geosci.* (2020). https://doi.org/10.1038/s41561-020-0618-x

Jorge Laborda, 30 de agosto de 2020

Nuevos fármacos inmunológicamente antitumorales

Gracias a la investigación, disponemos ya de anticuerpos que al ser inyectados a pacientes de cáncer consiguen una mayor activación del sistema inmunitario contra las células tumorales. Estos anticuerpos han sido aprobados por diversas agencias del medicamento internacionales para su empleo en el tratamiento de hasta quince tipos de tumores diferentes. En algunos casos, su uso ha conducido a curaciones que antes hubieran resultado imposibles.

La actividad antitumoral del sistema inmunitario depende también en gran medida de la activación de los conocidos como linfocitos T citotóxicos, o citolíticos. Estos son también la clase de linfocitos de los que se cree que pueden proporcionar la inmunidad más duradera frente al coronavirus SARS-CoV-2, causante de la enfermedad COVID-19.

Los linfocitos T citotóxicos son capaces de matar a las células que se encuentran enfermas y que, por esta razón, suponen una amenaza para la vida de todas las células del organismo. La enfermedad celular puede estar causada por la infección de un virus. Si se permite a este reproducirse en el interior de la célula infectada, las nuevas partículas víricas que se producirán infectarán a las células vecinas, extendiendo la infección por todo el organismo. Las células T citolíticas son muy importante para matar a las células infectadas antes de que el virus pueda reproducirse en ellas.

La enfermedad celular puede ser también causada por mutaciones en algunos genes que transforman a la célula en tumoral. En este caso, la célula deja de colaborar con las demás y comienza a reproducirse sin freno. La célula tumoral acapara recursos y espacio para ella y sus descendientes, que acaban impidiendo la función de las células normales del órgano u órganos donde se desarrolla el tumor y causan la muerte de todo el organismo. Las células T citolíticas pueden también detectar a las células tumorales y matarlas.

PRESENTACIÓN DEL ENEMIGO

Sin embargo, las células T citolíticas no están siempre patrullando con la "escopeta" preparada y listas para disparar. Esto sería muy peligroso. Si el organismo fuera un país sería como tener tanques continuamente patrullando por las calles. Además de malgastar los recursos necesarios para ello, habría un serio peligro de "fuego amigo". Nadie se sentiría, en realidad, seguro.

Por esta razón, las células T citolíticas no están normalmente activadas ni capacitadas para matar. Solo se activan cuando reciben una serie de señales moleculares para ello. Estas señales deben, además, serles presentadas por células especializadas en activarlas, que son las únicas que pueden autorizar esta activación. Estas células se llaman células presentadoras de antígenos, ya que presentan a las células T los antígenos, las moléculas, extraños que provienen de los microorganismos y también de los genes mutados de las células tumorales. La presentación de antígenos va asociada con una orden de activación.

Las células presentadoras de antígenos tampoco están continuamente activadas. Se activan solo al detectar moléculas de microorganismos o daño en los tejidos causado por las células tumorales. La activación de las células presentadoras de antígenos es una parte fundamental de la llamada inmunidad innata.

Estas células poseen detectores moleculares en su superficie o en su citoplasma que detectan determinadas moléculas en el entorno. Una de estas moléculas es ADN. La presencia de ADN libre en los alrededores indica que un microorganismo intenta infectar, o que algunas células se están reproduciendo de manera desordenada y liberando ADN al entorno.

UN AGUIJÓN ANTITUMORAL

Al detectar el ADN en los alrededores algunas células presentadoras de antígenos se activan. Su completa activación necesita de una proteína llamada STING (siglas que significan aguijón, en el inglés, aunque la proteína nada tiene que ver con este). La proteína STING permite que las células presentadoras de antígenos produzcan y emitan al entorno unas proteínas que van a ayudar a más células presentadoras de antígenos a activarse. Al final, se genera un pequeño ejército de células presentadoras de antígenos activadas, y este es el que va a conseguir una correcta activación de suficientes células T citolíticas para la defensa.

La ausencia de la proteína STING en ratones de laboratorio ha revelado que estos son más susceptibles al desarrollo de tumores. Al contrario, la activación de la proteína STING por medios farmacológicos se ha mostrado eficaz para activar a más células T citolíticas y disminuir el desarrollo de los tumores.

Los estudios realizados han revelado que la activación de la proteína STING se produce por moléculas pequeñas derivada químicamente del ADN. Por esta razón, se ha intentado conseguir fármacos similares a esas moléculas que puedan ayudar a la activación de las células presentadoras de antígenos y, por extensión, de las células T citolíticas para que estas acaben con los tumores.

Sin embargo, la administración de estos fármacos es muy complicada. Son moléculas inestables que se degradan rápidamente por el metabolismo y que, por esa razón, para ser eficaces, necesitan ser inyectadas directamente en los tumores. Esto hace muy difícil tratar casos en los que el tumor se ha diseminado y se han producido metástasis.

Por ello, un tratamiento antitumoral eficaz a través de la activación de la proteína STING necesitaría de nuevos fármacos que sean metabólicamente estables y que puedan administrarse por vía oral o intravenosa. Una búsqueda de esos nuevos fármacos utilizando tecnologías punteras de biología molecular ha sido llevada a cabo por varios grupos de investigación. La búsqueda se realizó con alrededor de cien mil moléculas diferentes y desveló que dos de esas moléculas podían ser buenas candidatas para la activación farmacológica de STING.

Una de esas moléculas, llamada SR-717, ha demostrado una robusta actividad antitumoral en ratones de laboratorio con melanoma. Otra molécula similar a esta que puede ser administrada por vía oral se ha revelado también eficaz contra los tumores en ratones de laboratorio y, además, es capaz de potenciar la eficacia de los anticuerpos antitumorales mencionados al principio.

Como casi todas las noticias que la ciencia nos ofrece, esta es una buena noticia. Poco a poco, pero inexorablemente, el progreso se abre paso y promete un futuro mejor y más sano a las siguientes generaciones.

Referencias:
(1) Pan et al., *Science* VOL 369, ISSUE 6506. 21 August 2020.
(2) Chin et al, *Science* VOL 369 ISSUE 6506. 21 August 2020.

Jorge Laborda, 6 de septiembre de 2020

UNA PROTEÍNA DEL CORAZÓN A LA SALIVA

La pandemia que vivimos nos está enseñando muchas cosas sobre nuestra sociedad y también sobre nuestro propio organismo. Igualmente, nos ha enseñado la importancia de disponer de pruebas diagnósticas rápidas, seguras, y fiables que nos permitan discernir con rapidez entre personas que se han contagiado con el virus SARS-CoV-2 y las que todavía no lo han hecho.

El diagnóstico rápido y fiable es importante para muchas enfermedades o problemas, en particular para aquellos que necesitan de un rápido tratamiento del que puede depender la diferencia entre la vida y la muerte. Uno de estos problemas es el infarto de miocardio.

Cuando un paciente acude al hospital con potenciales síntomas de infarto, es muy importante diagnosticarlo con seguridad lo antes posible para administrarle el tratamiento adecuado. Los métodos diagnósticos incluyen un electrocardiograma y análisis bioquímicos para determinar la presencia en la sangre de proteínas que se liberan a ella desde la lesión cardiaca. Una de estas proteínas es la llamada troponina.

La troponina es una proteína propia de las células musculares cardiacas, y del músculo esquelético. Normalmente, esta proteína se encuentra en el interior de las células y contribuye al proceso de contracción muscular.

La cantidad de troponina en la sangre es indetectable en estado de buena salud. Sin embargo, en el caso de un infarto de miocardio, algunas células musculares del corazón mueren, debido a la falta de aporte de oxígeno y nutrientes asociada con el infarto. La troponina de las células muertas y rotas es liberada a la sangre, donde puede ser detectada mediante pruebas adecuadas. La detección de troponina en la sangre es signo de infarto de miocardio y contribuye al diagnóstico de este junto con otros síntomas.

No obstante, el análisis de la troponina en sangre no es una prueba lo suficientemente rápida ante la urgente necesidad de diagnosticar con fiabilidad un posible infarto de miocardio. Por ello, un grupo de investigadores consideró la posibilidad de acelerar todo el procedimiento analizando la presencia de troponina en la saliva, ya que la troponina también aparece en ella tras un infarto de miocardio.

LA SALIVA DICE NO

Cada persona produce una media de un litro y medio de saliva diario. Sin duda, es el fluido biológico más fácil de obtener. No es que no sea necesario un pinchazo, sino que ni siquiera hace falta bajarse la ropa interior para conseguir una muestra. Bien es cierto que en esta época que vivimos es posiblemente necesario bajarse la mascarilla antes de escupir una pequeña cantidad de saliva en un tubo de recogida de muestras.

Podemos preguntarnos por qué, si la saliva es mucho más fácil de obtener que la sangre, la troponina se ha analizado hasta hoy en ese fluido y no en la saliva. La respuesta se encuentra en las sustancias que la saliva contiene y que impiden que los resultados del análisis de la troponina sean fiables.

La saliva contiene disueltas en agua (que forma el 99,5 % de la saliva) numerosas sustancias importantes para su función. En su composición posee algunas proteínas pegajosas que también se encuentran en el moco y que ayudan a adherir a las bacterias y a evitar que estas establezcan focos de infección en los tejidos bucales. También contiene enzimas como la lisozima, que atacan y digieren a estos microorganismos, impidiendo su proliferación excesiva en la cavidad bucal. No hay que olvidar que la saliva también contiene algunos enzimas digestivos, como la amilasa, que digiere el almidón. Por último, la saliva contiene anticuerpos antibacterianos de la clase IgA, una clase de anticuerpo que se secreta con los fluidos del organismo y que también se secreta al intestino para controlar a las bacterias de la flora intestinal.

Interferencia con los anticuerpos

Todas estas sustancias interfieren con el proceso de detección de la troponina que se encuentra en la saliva en caso de infarto de miocardio. Como seguramente no resulta una sorpresa en estos tiempos, al igual que el coronavirus puede detectarse gracias al empleo de anticuerpos específicos para alguna de sus proteínas, la detección de la troponina emplea también anticuerpos específicos contra esta proteína.

Lo que quizá sí resulte más curioso es el hecho de que los anticuerpos no se unen a su proteína diana siempre con la misma fuerza. La fuerza de unión, o de hecho que el anticuerpo se una o no a su diana, puede depender, entre otros factores, de otras sustancias que se encuentran en el fluido que debe ser analizado. Estas sustancias afectan a las propiedades químicas de los anticuerpos.

Como un ejemplo de esto, el análisis de la troponina en sangre no da iguales resultados si se emplea plasma que si se emplea suero sanguíneo. Ninguno de estos fluidos contiene células de la sangre. La diferencia entre ellos radica en que el plasma es el líquido que queda tras eliminar las células sanguíneas, pero sin permitir la coagulación. El suero, en cambio, es el líquido que se obtiene tras dejar coagular la sangre. La presencia o ausencia de las proteínas de la coagulación afecta a la unión del anticuerpo a la troponina y hace que esta unión sea más fácil en el suero. Por esta razón, los análisis de troponina en suero dan valores un 30% más altos que los obtenidos con el plasma de idénticos pacientes.

Para evitar estos problemas, los investigadores desarrollan un proceso de purificación de la saliva que elimina buena parte de las sustancias que pueden interferir con la unión del anticuerpo a la troponina, sin eliminar por ello a esta proteína. Tras este procedimiento, comparan los resultados obtenidos en análisis de saliva procesada, de saliva no procesada y de suero de pacientes de infarto de miocardio y los mismos fluidos extraídos de personas sanas.

Los resultados indican que el procedimiento de purificación de la saliva permite utilizar esta para el análisis de la troponina. Este análisis se realiza así en alrededor de solo diez minutos, en lugar de las varias horas que puede tardar conseguir los resultados de un análisis de sangre. Es un avance que ayudará a salvar vidas. Por otra parte, este procedimiento u otro similar puede ser también útil para analizar con rapidez y fiabilidad la presencia de coronavirus en la saliva. Esperemos que así sea.

Referencia: Development of saliva-based cTnI point-of-care test: a feasibility study. Ponencia en el European Congress of Cardiogy 2020.
https://programme.escardio.org/ESC2020/Abstracts/218355-development-of-saliva-based-ctni-point-of-care-test-a-feasibility-study?r=/ESC2020/Full-Programme?s%3D%24expression%3DWestreich

Jorge Laborda, 13 de septiembre de 2020

MANBAT Y EL CORONAVIRUS

Llevamos ya más de nueve meses desde el inicio de la pandemia de COVID-19 y a pesar de que se han publicado más de 31.000 artículos de investigación científica sobre la enfermedad y el virus que la causa, el SARS-CoV-2, todavía quedan muchas incógnitas por resolver. Es más, quedan incógnitas por averiguar. En otras palabras, todavía no sabemos todo lo que no sabemos sobre el virus y la enfermedad.

Una de esas incógnitas sigue siendo el origen del virus SARS-CoV-2. Los estudios realizados hasta ahora indican que este es idéntico en más de un 96% a un virus de murciélago, llamado RaTG13. Muchos expertos creen que, a pesar de la gran similitud, el virus no ha pasado directamente desde el murciélago a la especie humana. Y es que ese casi 4% de diferencia en el genoma entre RaTG13 y SARS-CoV-2 necesitaría de unos 40 años de evolución para producirse.

Por esta razón, muchos expertos buscan una especie intermediaria entre el murciélago y el ser humano, la cual habría permitido la generación de nuevos coronavirus con mayor rapidez mediante procesos de recombinación, de mezcla, entre los genomas de varios coronavirus que pudieran infectarlos. Una de las especies candidatas es el pangolín malayo.

La búsqueda de coronavirus en esta especie de pangolines ha revelado que estos son portadores de coronavirus similares a SARS-CoV-2. Estos, no obstante, son virus que siguen mostrando diferencias, a veces importantes, en muchos de sus genes con SARS-CoV-2.

Para añadir más misterio al asunto, SARS-CoV-2 posee ciertas características en su genoma de las que los otros coronavirus carecen, y de las que no se conoce su origen preciso. Estas características parecen hacerlo más contagioso en la especie humana. Por esta razón, en mi opinión, aunque es claro que tanto murciélagos como pangolines albergan virus similares al SARS-CoV-2, todavía quedan importantes incógnitas por resolver para llegar a averiguar los procesos por los que el nuevo coronavirus se generó y pasó de una de esas dos especies al ser humano. A pesar de la importancia de averiguar este hecho para prevenir la aparición de nuevas pandemias, no parece seguro que este asunto llegue a esclarecerse. Por ello, algunos científicos siguen insistiendo en que se lleven a cabo investigaciones más profundas sobre este tema.

Transmisión, en el aire

Otro de los asuntos de importancia crítica que todavía sigue siendo objeto de cierto debate es el modo de transmisión del SARS-CoV-2. Al inicio de la pandemia, la opinión más generalizada era que el nuevo coronavirus se transmitía por contacto de superficies contaminadas con las manos. Las manos luego llevaban a la boca, nariz u ojos las partículas de virus. Las superficies se contaminaban al caer sobre ellas las pequeñas gotillas de saliva que se producen al hablar, cantar, toser o estornudar. Un contacto muy cercano entre personas podría también permitir la inhalación de alguna de estas gotillas, pero no se creía que esta fuera la principal vía de contagio. El lavado frecuente de manos fue el procedimiento recomendado para evitar el contagio, pero no se aconsejó el uso de mascarillas.

Sin embargo, los estudios que se fueron realizando para intentar esclarecer las vías de contagio del virus revelaron que este también se puede contagiar por inhalación de aerosoles, que igualmente se producen al hablar, cantar, estornudar o toser. Los aerosoles son gotitas muy pequeñas, capaces de quedarse suspendidas en el aire durante horas de manera similar a las gotitas que forman la niebla, y que pueden ser inhaladas al respirar.

El debate todavía no está cerrado. No es aún conocido cuál es la importancia relativa de las dos posibles vías de contagio. Que el virus pueda contagiarse por vía aérea no implica que esa sea la principal forma de contagio. Sin embargo, si me permiten que les diga mi opinión, hay pocas dudas de que una vía importante de transmisión en espacios cerrados es la vía aérea.

LA CUEVA Y EL MURCIÉLAGO GRITÓN

Algunos estudios avalan esta idea, pero también la avala el modo de vida de los murciélagos. Estos animales son los principales depósitos de coronavirus, y estos virus están particularmente bien adaptados para infectarlos y vivir a su costa.

No hay duda de que tenemos cierta fascinación con los murciélagos. No en vano algunos autores han creado a personajes famosos de la cultura universal que derivan de esos animales. Quizá esto se deba a las características que compartimos con ellos.

Humanos y murciélagos somos animales gregarios, que andamos en general de cabeza por la vida. A ambas especies nos gusta vivir en cuevas. Nosotros incluso las podemos construir. Las llamamos viviendas, oficinas, salas de fiesta o pabellones. Los murciélagos no pueden construir cuevas porque han convertido sus brazos en alas, no como nosotros que los hemos convertido en herramientas para intentar ganar dinero, creyendo con ingenuidad que tal vez así logremos volar un día.

Hablando más en serio, los coronavirus de los murciélagos deben ser capaces de trasmitirse entre ellos aprovechando su modo de vida. La agrupación de estos animales en grandes colonias, en el interior de cuevas, es una gran ocasión para transmitirse por vía aérea. Las cuevas, como las viviendas, mantienen unas condiciones de temperatura y humedad que probablemente faciliten la estabilidad de los aerosoles.

Además, los murciélagos son animales muy ruidosos. Utilizan el sonido como medio para localizarse en el espacio y localizar a sus presas. Algunas especies son incluso capaces de comunicarse con el sonido y despliegan una serie de vocalizaciones que conllevan simples significados, es decir, poseen un lenguaje simple. Por último, colgados cabeza abajo, y envueltos en sus alas, es improbable que los murciélagos toquen nada con lo que les queda de manos y se lo lleven a la nariz o a los ojos. En los murciélagos, los coronavirus tienen escasas oportunidades de transmitirse por otro medio que no sean los aerosoles que producen con sus vocalizaciones. Ah, se me olvidaba. Los murciélagos vuelan.

Los humanos nos reunimos también en nuestras "cuevas" para hablar y cantar y, entre medias, toser y estornudar. Además, los humanos tenemos manos que llevamos con mucha frecuencia al rostro, lo que ofrece a los coronavirus que puedan infectarnos otra nueva posibilidad de transmisión que no tienen con los murciélagos. Creo por ello que los humanos somos aún más vulnerables que esos animales al contagio con coronavirus. Por esta razón, hay que lavarse las manos, no tocarse el rostro, evitar entrar en "cuevas" abarrotadas y llevar mascarilla, la cual, como beneficio adicional, mejora el aspecto de la mayor parte de la Humanidad.

Referencia: Malik YA. Properties of Coronavirus and SARS-CoV-2. *Malays J Pathol*. 2020 Apr;42(1):3-11

Jorge Laborda 20 de septiembre de 2020

UN FRENO PARA GENES CON IMPULSO

Los impresionantes avances en biología molecular de las últimas décadas han permitido el desarrollo de herramientas moleculares capaces de modificar incluso las leyes tradicionales de la genética. Una de estas leyes sostiene que, en la reproducción sexual, los nuevos organismos generados heredan de cada uno de los progenitores un gen (en realidad un alelo, es decir, una variante de un gen).

Esta ley implica el hecho de que los nuevos organismos son solo alrededor de un 50% idénticos a cada uno de sus progenitores en muchas de sus características genéticas. Por ejemplo, si un progenitor posee dos alelos idénticos de un gen (llamémosles AA) y otro progenitor posee otros dos alelos idénticos entre sí, pero diferentes de los de su compañero sexual (llamémosles BB), la progenie heredará una de las variantes de cada progenitor y tendrá la combinación AB. No será por ello idéntica a ninguno de los progenitores. Será una mezcla de ambos.

Y bien algunas técnicas de manipulación de genes permiten soslayar esta ley y conseguir que, al menos en uno de los genes, un nuevo organismo generado por reproducción sexual sea genéticamente idéntico a uno de sus progenitores. Esto quiere decir, que, por ejemplo, con la manipulación adecuada, un cruce entre un progenitor AA y otro BB dará una progenie AA en todos los casos. Esto conducirá a la expansión rápida de la variante A en la población de la especie que haya sido así manipulada y a la extinción de la variante B. ¿Cómo es esto posible?

TRANSFORMACIÓN GENÉTICA

Los detalles técnicos están fuera del alcance de la mayoría de los mortales, pero no así el concepto detrás de este fenómeno, que puede comprender cualquiera. La idea simple es que cuando en una célula se encuentren la variante A y la B del mismo gen, la variante A debe haber sido manipulada de tal manera que sea capaz de transformar a la variante B en A. Así, cuando se genere un organismo AB, la variante A transformará a la B en A en todas sus células y finalmente tendremos un organismo AA.

Este proceso de manipulación se ha denominado genética dirigida o genética con impulso. La manipulación realizada permite, en efecto, dirigir la expansión de una variante determinada de un gen en la población de organismos de una especie dada. Claramente, esa variante recibe un "impulso" expansivo.

¿Cuáles pueden ser las ventajas de los genes con impulso? Y bien, son numerosas. Como ejemplo, imaginemos que deseamos conferir resistencia a un herbicida a una especie de planta de interés agrícola. La resistencia al herbicida permitiría tratar a los campos de cultivo con este y eliminar así a otras plantas dañinas no resistentes, pero sin afectar a la planta cultivada. La introducción en el genoma de una variante génica que confiera resistencia al herbicida y que, además, haya sido manipulada para llevar a cabo el impulso génico que mencionábamos arriba, conseguirá expandir esta variante en toda la población en solo unas pocas generaciones.

La técnica del impulso genético puede ser también utilizada para conducir a la extinción a poblaciones animales dañinas. Entre ellas, se incluyen los mosquitos que transmiten enfermedades tan graves y prevalentes en el mundo como la malaria, o las fiebres dengue o zika.

Por supuesto, una técnica tan poderosa para manipular no ya organismos individuales, sino especies enteras, no está exenta de riesgos o malos usos potenciales. Esto, en realidad, sucede con cualquier herramienta inventada y puesta a disposición de la Humanidad. Una simple aguja puede ser empleada para coser, pero puedo pincharme con ella, o puedo usarla con mala intención para pinchar a alguien.

Algunas consecuencias no intencionadas del empleo de la genética dirigida pueden ser que una variante génica no solo se extienda por la población que queremos afectar, por ejemplo, la de

154

un mosquito en un área geográfica determinada, sino que se extienda por la especie en todo el mundo.

Dos mecanismos de frenado

Para evitar las consecuencias no deseadas o imprevistas sería necesario la generación de mecanismos de frenado al impulso genético de los genes con impulso, valga la redundancia. Sin unos mecanismos de frenado seguros, lo más prudente sería no usar esta tecnología. Si a nadie sensato se le ocurre montar una bicicleta sin frenos, menos aún deberíamos utilizar la genética con impulso sin los frenos adecuados para ella.

Por esta razón, se ha dedicado un intenso esfuerzo para desarrollar frenos genéticos seguros, de manera que podamos comenzar a considerar el empleo de esta poderosa técnica y obtener así los beneficios que promete. Científicos de la Universidad de California han conseguido recientemente desarrollar dos mecanismos de frenado diferentes para los genes con impulso.

Puesto que la mayoría de los genes con impulso utilizan la tecnología CRISPR para la manipulación genética, los frenos desarrollados por los investigadores utilizan el enzima Cas9, que es necesario para que esta tecnología funcione. Esto, en resumen, quiere decir que los frenos utilizan el propio impulso para frenar. Sería como si al acelerar un vehículo, esta aceleración llevara inherente en ella el propio frenado cuando fuera necesario y nunca dejara al vehículo sobrepasar una determinada velocidad o recorrer más distancia de la previamente establecida.

Los investigadores no se contentan con un diseño sobre el papel de sus frenos genéticos, sino que prueban su eficacia en poblaciones aisladas en instalaciones de laboratorio. Ambos frenos demuestran así su validez y son capaces de eliminar de la población un gen con impulso en solo unas pocas generaciones.

Sin embargo, el empleo, primero, de genes con impulso y, después, de genes de frenado no deja al genoma de los organismos como si nada hubiera sucedido. Las huellas de la batalla genética entre el gen con impulso y el gen para frenarlo quedan patentes en el genoma. Estas huellas no se espera que acarreen, en general, graves consecuencias, pero en algunas ocasiones las huellas podrían ser la semilla para la generación de problemas imprevistos.

La capacidad biotecnológica de la especie humana no deja de aumentar gracias a la ciencia. Esperemos que este aumento de nuestro poder sobre la Naturaleza venga acompañado de un aumento de sensatez y sentido común que permita utilizarlo sin riesgo para beneficio de la entera especie humana.

Referencia: Xiang-Ru Shannon Xu et al. (2020) Active Genetic Neutralizing Elements for Halting or Deleting Gene Drives. Molecular Cell. https://doi.org/10.1016/j.molcel.2020.09.003

Jorge Laborda, 27 de septiembre de 2020

CÉLULAS QUE MANTIENEN SANA A LA PIEL MÁS SUCIA

En estos días en que el sistema inmunitario ha subido al estrellato de los medios de comunicación, otros órganos que realizan una función defensiva fundamental han sido relegados al olvido. Entre estos órganos se encuentran las diversas pieles del organismo.

Hablo de diversas pieles porque no todo nuestro organismo está separado y protegido del mundo exterior por el mismo tipo de piel. Tenemos, en primer lugar, la piel externa. Este tipo de piel está especializado en impedir cualquier penetración de microrganismos del mundo exterior.

Poseemos también pieles cuya misión es algo más complicada, porque deben protegernos al mismo tiempo que deben permitir un intercambio de gases o de sustancias con el medio ambiente. Uno de estos tipos de superficies epiteliales es la del pulmón, que tiene que impedir la penetración de virus y de bacterias, al mismo tiempo que debe permitir la entrada y salida a su través de gases como el oxígeno o el dióxido de carbono.

La situación es aún más compleja en el caso de las superficies epiteliales del intestino. Estas pieles intestinales deben también protegernos de la penetración de numerosos microrganismos potencialmente dañinos, pero deben permitir la absorción de sustancias nutritivas, como sucede en el intestino delgado, o la reabsorción de líquidos, como sucede en el intestino grueso distal, en particular en el colon distal, la zona del intestino donde se forman las heces.

Es esta la parte del intestino más sucia, y también la más peligrosa. En ella viven una ingente cantidad de bacterias, virus bacteriófagos (que se reproducen en el interior de las bacterias), y también hongos comensales que producen sus propios deshechos y compuestos tóxicos y los vierten al intestino.

157

Las toxinas y deshechos de los hongos se mezclan con lo que ahí llega tras la digestión de los alimentos, que es, paradójicamente, utilizado como alimento por esos microrganismos. Para la correcta formación de las heces es necesario que el colon distal absorba una gran cantidad de líquido contenido en esos residuos. Al realizar este proceso de absorción, es necesario evitar absorber también las toxinas producidas por los hongos. Si la absorción de toxinas no es controlada, las células epiteliales del colon distal son dañadas y mueren. La absorción de nutrientes y líquidos puede verse comprometida, lo que podría causar malnutrición. Peor aún, la integridad de la barrera epitelial es destruida y las bacterias pueden penetrar en el interior del organismo y causar severas infecciones. En los casos más graves, las infecciones pueden causar sepsis y fallo multiorgánico, lo que podría causar la muerte.

Esta situación obliga a que la absorción de líquidos por el colon distal sea un proceso que debe ser estrictamente regulado. Este proceso debe ser monitorizado muy de cerca para evitar una excesiva absorción de las toxinas producidas por los hongos que allí habitan. Hasta la fecha, los mecanismos moleculares y fisiológicos implicados en esta regulación y monitorización no eran completamente conocidos. Así, en pleno siglo XXI no conocemos con precisión ni cómo se produce lo que sale por el ano.

MACRÓFAGOS CON GLOBOS SONDA

Lo anterior no pretende insinuar que nada se sepa sobre este importante asunto. En absoluto. Era ya conocido que la absorción de líquidos y la formación de las heces es llevada a cabo por una sola capa de células epiteliales del colon distal. Estas células efectúan una permeabilidad selectiva de las sustancias del contenido intestinal.

Dicha permeabilidad depende, en primer lugar, de una gruesa capa de moco que las recubre y que las distancia físicamente del contenido intestinal. El moco está formado por moléculas pegajosas y alargadas que forman un entramado como una red. Este entramado no deja pasar a su través por igual a todas las sustancias.

La permeabilidad depende también de la formación de estrechas uniones entre las células epiteliales del intestino, que no dejan pasar sustancias entre ellas. De este modo las sustancias deben ser selectivamente absorbidas por las células epiteliales y pasadas a su través hasta el otro lado del epitelio, donde son vertidas a la sangre. Esta absorción está muy finamente regulada por una panoplia de complejos mecanismos moleculares. La permeabilidad de las sustancias intestinales también está regulada por los microrganismos de la flora y por células del sistema inmunitario, cuya función resulta fundamental para mantener a la flora bajo control. Como vemos, la fabricación de heces de calidad tampoco resulta tarea fácil.

Dicho lo anterior, un hecho que quedaba por explicar era cómo evitaban las células epiteliales absorber las toxinas producidas por los hongos de la flora intestinal del colon distal. Estudios anteriores habían revelado que una de las células que patrullaban el epitelio con mucha frecuencia eran los macrófagos, unas células conocidas por ejercer un control férreo frente al crecimiento de hongos y bacterias. Por esta razón, un conjunto internacional de investigadores europeos y estadounidenses decidió estudiar si los macrófagos ejercen una función en el control de la permeabilidad de las toxinas de los hongos intestinales.

Los resultados de sus investigaciones revelan hechos fascinantes y desconocidos sobre los macrófagos intestinales. Los científicos comprueban que los macrófagos se colocan debajo de la barrera formada por las células epiteliales y emiten prolongaciones entre el estrecho espacio que las separa. Estas prolongaciones se hinchan y adquieren el aspecto de "globos" microscópicos que se sitúan entre dos células epiteliales.

Las células epiteliales del colon están especializadas en la absorción de nutrientes y no están equipadas para poder detectar a las toxinas. Esta función la llevan a cabo los "globos" producidos por los macrófagos. Dichos "globos sonda" entran en contacto con las sustancias intestinales y son capaces de detectar varias clases de toxinas producidas por los hongos. Si detectan una cantidad de estas superior a lo aconsejable, por mecanismos moleculares aún desconocidos, son capaces de comunicar esta información a las células epiteliales. La información es utilizada por estas para limitar la absorción de las sustancias tóxicas y preservar así su vida y la integridad de la barrera epitelial intestinal, la cual, de no mantenerse, como hemos dicho, podría conducir a graves enfermedades.

Este descubrimiento sobre un nuevo papel de los macrófagos puede permitir en el futuro el desarrollo de nuevas terapias para paliar los desequilibrios intestinales que pueden producirse debido a las inevitables toxinas de los hongos de la flora. Sin conocimiento presente no es posible la medicina futura.

Referencia: Macrophages Maintain Epithelium Integrity by Limiting Fungal Product Absorption. Chikina et al., 2020, *Cell* 183, 1–18 October 15, 2020. Elsevier Inc. https://doi.org/10.1016/j.cell.2020.08.048

Jorge Laborda, 4 de octubre de 2020

Un trozo de gen determina el sexo

Hoy traigo de nuevo a colación uno de esos descubrimientos que te dejan con la boca abierta. Se trata del hallazgo de que no es un gen, como se pensaba hasta ahora, el que determina el sexo en los animales mamíferos. Es, en realidad, un trozo de un gen el responsable de la generación durante el embarazo de un macho en lugar de una hembra. Tiene gónadas la cosa.

Para entender lo sorprendente de este descubrimiento, deberemos desplazarnos brevemente por entre las maravillas de la determinación sexual durante el desarrollo de los embriones de mamífero. También deberemos visitar uno de los mecanismos más importantes de regulación del funcionamiento de los genes: el llamado procesamiento alternativo del ARN mensajero.

Comencemos por la determinación sexual. Desde hace más de treinta años, se conoce que la presencia y funcionamiento de un único gen, localizado en el cromosoma Y, es imprescindible para el desarrollo de los testículos. Recordemos que las hembras poseen dos copias del cromosoma sexual llamado X, y por ello son XX, mientras que los machos poseen un solo cromosoma X y otro cromosoma Y.

Como sabemos, los organismos se desarrollan a partir de una sola célula fecundada. Esta inicia un programa, puramente mecánico y molecular, de división y generación de las diferentes células que van a constituir el organismo adulto. Las instrucciones de ese programa se encuentran en los genes que desde el padre y la madre se han reunido en el óvulo fecundado. Estas instrucciones son comunes para el desarrollo de todos los órganos, salvo para el desarrollo de los testículos.

Las instrucciones que posibilitan la formación de los testículos se encuentran en el gen llamado *Sry*, localizado, como hemos dicho, en el cromosoma Y. En ausencia de estas instrucciones se desarrollan ovarios en su lugar.

Como sucede con la mayoría de los genes, las instrucciones del gen *Sry* se emplean para producir una proteína en el interior celular. En este caso, la proteína actúa sobre el funcionamiento de otros genes que, a su vez, producen proteínas que actúan sobre el funcionamiento de más genes.

La acción del gen *Sry* desencadena así el funcionamiento en cascada de varios genes que, juntos, son los que realmente poseen las instrucciones para generar los testículos a partir de las mismas células precursoras que generarían los ovarios. En ausencia del gen *Sry*, esa cascada de funcionamiento de genes no se activa. El programa de generación de testículos no se desencadena, lo que conduce a la generación de ovarios.

Se ha comprobado que mutaciones que incapacitan al gen *Sry* generan una inversión sexual. Esto significa que animales XY, pero carentes de un gen *Sry* que funcione con normalidad se desarrollan como hembras, como si fueran, por tanto, animales XX.

Instrucciones ocultas

Adentrémonos ahora brevemente por los mecanismos que regulan el funcionamiento de los genes para la producción de proteínas. Como sabemos, la mayoría de los genes no tienen las instrucciones para esta tarea ordenadas de manera contigua. Los genes tienen así fragmentos con instrucciones legibles (llamados exones) y fragmentos con instrucciones ilegibles (llamados intrones) que deben ser retirados

Es xxx como ddr si los jjff genes mbbn estuvieran nygh organizados ggjj a trozos uufg como esta xcvg frase. Antes de ser leídos para producir proteínas, los trozos carentes de información deben ser eliminados.

Esta eliminación se produce una vez se ha generado el llamado ARN mensajero. Este es una copia fidedigna de la información contenida en el ADN de los genes. Una de las ventajas importantes de esta copia es que puede ser manipulada sin por ello afectar a la información contenida en el ADN. El ARN mensajero puede ser así procesado, los trozos sin información son eliminados, y los trozos con información son pegados para generar una "frase" genética contigua legible y fabricar con ella la proteína correspondiente.

Pues bien, aunque este es el modo de funcionamiento normal de la mayoría de los genes, se creía desde su descubrimiento que el gen *Sry* no funcionaba así. Excepcionalmente, los análisis de su estructura mostraban que este gen contenía la información para producir su proteína de manera contigua, sin molestas separaciones por trozos ilegibles. El ARN mensajero de este gen era por consiguiente leído sin necesidad de ser procesado.

Esto es lo que se creía hasta ahora, porque investigadores de la Universidad de Osaka, en Japón, han revelado que esa creencia es falsa. Los análisis efectuados con mejores tecnologías para el estudio de los genes han puesto de manifiesto que el gen *Sry* contiene un trozo de información legible, un exón oculto, más allá de la zona hasta ahora tenida como la única legible del gen *Sry*.

No contentos con identificar este exón oculto en el gen *Sry*, los investigadores realizan interesantes experimentos en los que manipulan el gen para eliminar este exón y comprobar así los efectos que este puede ejercer sobre la determinación sexual.

Los científicos generan de este modo ratones con un gen *Sry* carente de este segundo exón y comprueban que en su ausencia los animales XY se desarrollan como hembras, es decir, sufren de inversión sexual. En otras palabras, la región del gen *Sry* tenida hasta ahora como la responsable de la generación de los testículos no es tal. Es en realidad la segunda región, hasta ahora desconocida, la que resulta imprescindible para la generación de los testículos durante el desarrollo del organismo de los mamíferos a lo largo de la gestación.

Este descubrimiento pone patas arriba muchos de los conceptos tenidos por ciertos sobre los mecanismos moleculares de la determinación del sexo. El hallazgo puede permitir también una mejor comprensión de los problemas que causan inversiones sexuales y otros síndromes de disfuncionalidad sexual que tanto rechazo social pueden producir debido, creo que, en gran medida, al desconocimiento de lo que realmente sucede durante nuestro desarrollo para convertirnos en machos o hembras.

Referencia: Shingo Miyawaki et al. (2020). The mouse *Sry* locus harbors a cryptic exon that is essential for male sex determination. *Science* 2 OCTOBER 2020 • VOL 370 ISSUE 6512. Pp 121.

Jorge Laborda 11 de octubre de 2020

Obesidad, memoria y flora intestinal

La pandemia de COVID-19 ha eclipsado otras epidemias que, no obstante, siguen entre nosotros. Una de ellas es la obesidad, uno de los problemas de salud pública más importantes de la humanidad. Más de 600 millones de adultos y más de 100 millones de niños son obesos.

Se ha comprobado que la obesidad ejerce un efecto negativo sobre las capacidades intelectuales, en particular sobre la memoria y el aprendizaje. Al mismo tiempo, el deterioro de las capacidades intelectuales es un factor de riesgo más para desarrollar o mantener la obesidad, por lo que ambos problemas de salud, física y mental, se retroalimentan en un círculo vicioso que sería importante romper.

Aunque es conocido que ciertas variantes de genes son un factor muy sustancial para explicar por qué unas personas son propensas a la obesidad y otras no, desde hace más de una década es conocido que las bacterias de la microbiota o flora intestinal ejercen también un importante papel. Las especies de bacterias de la flora son diferentes entre personas obesas y no obesas. Estas bacterias desempeñan trascendentales funciones ligadas a la digestión, producción de vitaminas y productos metabólicos derivados de los alimentos antes de su absorción por el intestino.

Muy recientemente, se ha comprobado que la capacidad de aprendizaje y la memoria están también afectadas por diferentes especies bacterianas de la flora intestinal. Esto puede parecer asombroso y, por qué negarlo, lo es. De alguna aún misteriosa manera las bacterias del intestino afectan a las capacidades intelectuales. El calificativo visceral adquiere, de repente, connotaciones insospechadas.

La anterior afirmación está avalada por experimentos realizados en ratones de laboratorio. Por ejemplo, en uno de estos experimentos, la pérdida de memoria generada por una mala alimentación, de tipo occidental, administrada a los ratones pudo ser impedida suplementándola con la especie de bacteria llamada *Lactobacillus helveticus*. El suplemento con la bacteria *Bifidobacterium longum* también produjo efectos beneficiosos en tareas de reconocimiento de objetos.

Sin embargo, la evidencia de que algo parecido a lo que sucede en los ratones pueda suceder en nuestra querida especie es escasa. No obstante, se ha comprobado que intervenciones terapéuticas sobre la obesidad previenen el deterioro intelectual y se ha visto que estas intervenciones causan cambios en la flora intestinal. Sin embargo, no es conocido si esos cambios en la flora son la causa de la mejora de las capacidades intelectuales o son un efecto colateral de la intervención para perder peso.

Un numeroso grupo de investigadores españoles de varias universidades catalanas y valencianas aborda esta importante cuestión mediante la realización de interesantes estudios. En ellos, evalúan tanto las capacidades intelectuales como el perfil de las especies bacterianas de la flora intestinal en personas obesas y no obesas, y comparan los resultados.

Las bacterias son la clave

En primer lugar, los científicos estudian la estructura cerebral de los 143 participantes voluntarios mediante la técnica de resonancia magnética. Las personas obesas tenían un menor volumen de la región cerebral llamada hipocampo, cuya función sobre la memoria verbal y el aprendizaje es muy importante. Por otra parte, las personas obesas mostraron poseer un mayor volumen de la región cerebral denominada córtex frontal inferior derecho, relacionada con la capacidad de memoria a corto plazo. Los investigadores determinan igualmente las capacidades intelectuales y de memoria de los participantes sometiéndolos a una serie de pruebas neuropsicológicas validadas por la comunidad científica.

A continuación, analizan si existen diferencias en las especies bacterianas entre las personas obesas y no obesas. Comprueban que estas diferencias son importantes. Más aún, analizan también si las diferencias entre las especies bacterianas están asociadas con las diferencias en las capacidades intelectuales detectadas entre las personas obesas y las no obesas.

La presencia en la flora intestinal de varias especies bacterianas del genero *Firmicutes* se vio asociada con una mejor capacidad memorística. Las especies bacterianas *Bacteroidea* y *Proteobacteria*, por el contrario, mostraron asociaciones negativas con las puntuaciones de memoria obtenidas por los participantes. Estas especies bacterianas no se encontraron en la misma proporción en personas obesas que en las no obesas.

Para conseguir evidencia más sólida acerca del efecto de estas especies bacterianas sobre las capacidades intelectuales, los científicos realizaron un trasplante de flora intestinal desde 22 de los participantes a otros tantos ratones. Once de los participantes habían obtenido buena puntuación en las pruebas de memoria, mientras que los otros once eran obesos y la habían obtenido mala. Los ratones trasplantados fueron analizados para determinar si sus capacidades memorísticas resultaban afectadas de manera coherente con las capacidades mostradas por los donantes de la flora. En efecto, esto fue lo que sucedió. Análisis subsiguientes mostraron también que las especies bacterianas intestinales trasplantadas a los ratones modificaban el patrón de funcionamiento de numerosos genes en sus cerebros.

Por último, los científicos estudian si todos estos efectos están relacionados con diferentes compuestos metabólicos y sustancias generadas por las bacterias de la flora a partir de los alimentos. Encuentran que las personas con peor puntuación en las pruebas de memoria tienen alterados los niveles en sangre de tres aminoácidos y de sus productos metabólicos. Los aminoácidos son, para quien quiera saberlo, el triptófano, la tirosina y la fenilalanina. Los tres aminoácidos son similares desde el punto de vista químico y uno de ellos es necesario para la síntesis de neurotransmisores tan importantes como la serotonina.

Estos estudios aumentan la comprensión sobre las intrincadas relaciones que existen entre la alimentación, la flora intestinal y, quién lo hubiera pensado, nuestras capacidades intelectuales. Tal vez en el futuro se pueda conseguir limitar los efectos perniciosos de la obesidad, además de mediante la dieta y el ejercicio físico, mediante la modificación inteligente de la flora intestinal.

Referencia: Arnoriaga-Rodríguez et al., Obesity Impairs Short-Term and Working Memory through Gut Microbial Metabolism of Aromatic Amino Acids. *Cell Metabolism* (2020), https://doi.org/10.1016/j.cmet.2020.09.002.

Jorge Laborda, 18 de octubre de 2020

COVID-19: UN COMPLEMENTO HACIA LA VIDA

La pandemia de COVID-19, causada por el coronavirus SARS-CoV-2, está causando un enorme daño a la humanidad. Sin embargo, como suele suceder en todas las crisis, los recursos movilizados para superarla a veces conllevan importantes beneficios. Creo que esto está sucediendo también en esta ocasión gracias a la intensa investigación científica que se está realizando, y que está permitiendo aprender mucho sobre los virus y sobre el sistema inmunitario. Este nuevo conocimiento puede ser de enorme utilidad en el futuro.

Como sabemos, uno de los misterios de esta enfermedad es por qué causa escasos o ningún síntoma en algunas personas, mientras que otras, normalmente de edad más avanzada, pueden sucumbir a ella. Este afortunadamente pequeño porcentaje de pacientes desarrolla una serie de síntomas severos que pueden causarles la muerte. Entre ellos se encuentra la formación de trombos y daño a la pared de los vasos sanguíneos, lo que puede causar infartos de miocardio, ictus cerebrales o fallo renal, entre otros serios problemas.

Lo que se ha ido aprendiendo sobre la enfermedad indica que estos síntomas no son causados por la acción directa del virus, sino por la activación desmesurada del sistema inmunitario en esos pacientes. De hecho, a medida que se estudiaban a más y más pacientes, iban creciendo las sospechas sobre la culpabilidad de un componente particular del sistema inmunitario. Este componente se denomina el sistema del complemento.

Este sistema es capaz de matar a muchas bacterias y de inutilizar a muchos virus. Está formado por 25 proteínas que se encuentran en el plasma sanguíneo y en los líquidos que bañan las células y los tejidos. Estas proteínas se organizan en tres ramas de acción, cada una de ellas especializada en activarse de una manera diferente frente a los microrganismos.

Dos de estas ramas necesitan que uno u otro microrganismo sea detectado para activarse y actuar contra él. En una de las ramas la detección la llevan a cabo proteínas producidas por el hígado y que este libera a la sangre. Esta rama actúa para frenar la infección en sus primeras fases, nada más el microrganismo infeccioso es detectado. Si esto no se consigue, días más tarde se formarán anticuerpos contra el microrganismo que, al detectarlo, desencadenarán la segunda rama. Así, una de estas ramas es inmediata, mientras que la otra necesita primero de la generación de anticuerpos para poderse activar.

No obstante, estas dos ramas de activación no son suficientes para mantener a las infecciones a raya. Por ello, la tercera rama está continuamente activada, se hayan detectado microrganismos infecciosos o no. Es una rama que está activa "por si las moscas" o, mejor dicho, "por si los microbios". Estos intentan penetrar tan frecuentemente en el organismo y se reproducen con tanta rapidez, que no es posible esperarlos con las "escopetas descargadas". Es necesario, bien al contrario, no solo tenerlas cargadas, sino dispararlas aquí o allá de vez en cuando con la esperanza de matar a algún microrganismo antes de que pueda reproducirse y nos haga daño.

LA TERCERA VÍA, CULPABLE

Esta tercera rama, mejor llamada tercera vía de activación del sistema del complemento, se ha denominado la vía alternativa, pero, en realidad, es la principal vía de actuación de este sistema de defensa. El problema con ella es que pone en funcionamiento moléculas que no solo resultan mortales para los microrganismos, sino que pueden también matar a nuestras propias células. El "veneno" que esta vía está continuamente generando necesita, por consiguiente, de un "antídoto".

Los microrganismos no pueden fabricar este "antídoto", pero es continuamente producido por nuestras células, las cuales se encuentran así siempre protegidas de la acción tóxica de la vía alternativa del complemento. Es más, el "antídoto" protege también de que se desencadene una reacción inflamatoria fuerte que puede extenderse a todo el organismo, y que causa síntomas similares a los observados en los pacientes graves de COVID-19.

Por supuesto, si algún problema impidiera la producción o la acción de las proteínas del "antídoto", entonces la activación continuada de la vía alternativa del complemento nos causaría un daño inflamatorio severo. ¿Podría ser que el virus SARS-CoV-2 afectara de alguna manera, en algunas personas susceptibles, a la actividad del "antídoto" para la vía alternativa del complemento?

Esta es la idea que decidieron estudiar investigadores de la Facultad de Medicina de la Universidad John Hopkins. En una serie de experimentos, estos investigadores descubren que la proteína S del coronavirus SARS-CoV-2, que es clave para permitir la entrada del virus al interior de las células, necesita unirse a una molécula de la membrana celular a la que también debe unirse una de las moléculas del antídoto contra la activación del complemento. En presencia de cantidades suficientes de virus, es decir, en caso de infecciones severas, este puede impedir por bloqueo la unión de las moléculas del antídoto a las células, y estas resultan así afectadas por la acción descontrolada del complemento.

Además, la activación excesiva de este sistema desencadena, como decimos, una reacción inflamatoria generalizada que afecta a la circulación sanguínea. Esta reacción puede generar trombos que, según donde el azar quiera que se produzcan, podrán afectar a uno u otro órgano en mayor o menor proporción. Si el órgano afectado resulta vital, podrá incluso producirse la muerte.

Lo más interesante y útil de este nuevo conocimiento es que existen ya fármacos capaces de modular el nivel de activación de la vía alternativa del complemento. Era ya conocido que esta vía está también implicada en otras enfermedades inflamatorias y por ello se han desarrollado algunos fármacos que intentan disminuir el nivel de su funcionamiento. Algunos de estos fármacos han resultado efectivos en células cultivadas en el laboratorio para impedir la actividad de esta vía en presencia de la proteína S del virus SARS-CoV-2.

Es, por tanto, posible que pronto podamos disponer de un fármaco similar para el tratamiento de casos severos de COVID-19 en los que el virus impide que nuestro "antídoto" contra la vía alternativa del complemento funcione con normalidad. Poco a poco, vamos aprendiendo cómo actuar mejor contra esta terrible pandemia. Esperemos que esta pronto sea historia y que, gracias a la ciencia, todos podamos contarlo.

Referencia: Jia Yu, et al. (2020). Direct activation of the alternative complement pathway by SARS-CoV-2 spike proteins is blocked by factor D inhibition. *Blood*. https://doi.org/10.1182/blood.2020008248

Jorge Laborda, 25 de octubre de 2020

COVID-19 y las interleucinas de Dublín y Boston

Ya antes de que apareciera la pandemia, era de la opinión de que debían realizarse esfuerzos nacionales e internacionales de investigación coordinados, enfocados a resolver problemas muy concretos y a comprender aspectos determinados de la realidad con la mayor profundidad posible. Pensaba que lo aprendido para resolver un problema o lo comprendido sobre un aspecto concreto de la realidad nos ayudaría en el futuro a resolver mejor otros problemas y a comprender con mayor profundidad otros aspectos de la realidad.

Por desgracia, ha hecho falta una trágica pandemia para que el mundo de la ciencia se enfoque mayoritariamente en investigar sobre ella con intención de solucionar el enorme problema que nos causa y comprenderla lo mejor posible. Gracias a ello, se están realizando interesantes descubrimientos sobre el virus y el sistema inmunitario, e incluso sobre el mejor manejo de situaciones clínicas que, en mi humilde opinión, ayudarán a comprender y resolver mejor otros problemas sanitarios y biomédicos con los que, sin duda, la humanidad deberá enfrentarse en el futuro.

Deseo hoy intentar explicar una de esas recientes aportaciones. Se trata de la determinación de una nueva medida que permite conseguir un cierto grado de predicción sobre la evolución clínica de cada paciente de COVID-19. Este parámetro se ha denominado la puntuación de Dublín-Boston.

Esta puntuación se consigue determinando los niveles de dos interleucinas (también llamadas citocinas) en la sangre, la IL-6 y la IL-10, y calculando su relación. Cuanto más elevada sea esta, peor es el pronóstico de evolución de la enfermedad y más probable es que el paciente tenga que ser ingresado en cuidados intensivos y necesite ventilación mecánica. Conocer esto con suficiente antelación es importante para tomar las medidas necesarias encaminadas a atender adecuadamente a todos los pacientes.

Muy bien, pero ¿qué son las interleucinas o citocinas y en particular qué hacen la IL-6 y la IL-10 y por qué su relación es importante?

Para entender la función de estas moléculas es necesario tener en cuenta que la mayoría de las células del sistema inmunitario no detectan jamás de manera directa a los enemigos que intentan invadir al organismo. La información de que una infección está en curso es proporcionada a los linfocitos productores de anticuerpos o a los responsables de la inmunidad celular, en general, mediante moléculas de interleucinas. Estas son producidas, en una primera fase, por células del llamado sistema inmune innato que sí detectan de manera directa a los microorganismos.

Una vez un linfocito ha detectado una interleucina, puede a su vez producir otras para avisar de la infección aún a otro tipo de células inmunitarias. De este modo, varias citocinas producidas por varios tipos de células coordinan la respuesta que debe darse a un microorganismo invasor, cuya naturaleza (virus, bacteria, hongo…) solo es determinada de manera directa por células del sistema inmunitario innato, equipadas con moléculas detectoras de los diversos tipos de microrganismos.

ENTRE LA 6 Y LA 10

Al principio de la respuesta inmunitaria, se producen citocinas que favorecen la inflamación y la activación del sistema inmunitario. Es adecuado que así sea, porque es necesario poner en marcha lo antes posible los mecanismos de defensa. Una de las citocinas más importantes en esta fase de activación de las defensas es la IL-6.

Los niveles de IL-6 en sangre aumentan de manera importante en los pacientes de COVID-19. Como tratamiento de esta enfermedad, se han empleado incluso anticuerpos contra esta citocina, no contra el virus. Con este tratamiento se pretende frenar una excesiva

174

activación del sistema inmunitario que conduce a una tormenta de citocinas inflamatoria, la cual puede causar trombos y la muerte.

Afortunadamente, no todas las citocinas son inflamatorias y activadoras del sistema inmunitario. Algunas de ellas funcionan como freno de una excesiva activación, que causa los problemas mencionados. Una de estas citocinas es la IL-10. Esta citocina es producida, entre otras células, por los linfocitos T reguladores, cuya importantísima función es mantener unos niveles aceptables de activación inmunitaria. Estos deben ser eficaces, pero, al mismo tiempo, no deben causarnos un excesivo daño circulatorio.

Lo anterior indica que la relación entre las cantidades de IL-6 e IL-10 en la sangre debe contener información sobre el estado del sistema inmunitario. Si la IL-6 sigue aumentando día tras día y no sube al mismo tiempo la cantidad de IL-10, el sistema inmunitario se estaría disparando y conduciría a un estado grave en la enfermedad. Por el contrario, si la cantidad de IL-10 sube tanto o más que la de IL-6, esto indicaría que la infección está siendo vencida y que el organismo no necesita mantener al sistema inmunitario activado por más tiempo.

Investigadores de varios hospitales de Dublín y Boston decidieron por ello estudiar si la evolución de la relación entre la cantidad de IL-6 e IL-10 en sangre en pacientes de COVID-19 podía servir como indicador de la evolución de la enfermedad. Encuentran que, medidos cada cuatro días, la relación entre estos niveles puede servir de valor predictivo. Los científicos desarrollan una escala de cinco puntos en la que cada aumento de un punto incrementa algo más de cinco veces la probabilidad de que le enfermedad evolucione hacia un estado de gravedad.

La puntuación Dublín-Boston es fácil de medir en pacientes hospitalizados y puede ayudar a evaluar cuándo es necesario incrementar los cuidados y tratamientos aplicados a ellos, así como ayudar a determinar el éxito de estos tratamientos.

Posiblemente, el descubrimiento de esta nueva medida sobre el estado inflamatorio puede ser también útil en el manejo de pacientes de otras enfermedades víricas graves, ya que el sistema inmunitario funciona de manera similar para enfrentarse a infecciones por microrganismos de la misma clase. Es tal vez un ejemplo de lo que decía al principio: investigar para resolver un problema concreto puede ayudar a comprender y resolver otros problemas relacionados. Esperemos que la pandemia sea pronto vencida y que en esta lucha encontremos nuevos conocimientos y nuevas herramientas para hacer frente a los nuevos problemas que un día, sin la menor duda, surgirán.

Referencia: Oliver J McElvaney, et al. (2020). A linear prognostic score based on the ratio of interleukin-6 to interleukin-10 predicts outcomes in COVID-19.https://doi.org/10.1016/j.ebiom.2020.103026

Jorge Laborda, 1 de noviembre de 2020

EL SABOR DE LO QUE EL PULPO PALPA

En ocasiones, me he quejado de que la investigación en ciencias de la vida está excesivamente sesgada hacia el objetivo de curar enfermedades o prevenirlas. Aunque este objetivo es muy loable, no es el único que debe perseguir la investigación científica. A fin de cuentas, nadie pide que la investigación sobre el origen del sistema solar o los agujeros negros acabe por ayudar a conseguir una vacuna contra la COVID-19. Sin embargo, y afortunadamente, esas investigaciones continúan haciéndose.

Por ello, me alegro de que, de vez en cuando, trabajos de investigación que no tienen otro objetivo que comprender mejor el ámbito de la vida sean publicados en revistas prestigiosas. Es el caso que deseo explicar hoy aquí y que atañe a una investigación que estudia en profundidad cómo los pulpos exploran y detectan el medio marino en el que viven, gracias a las ventosas de sus tentáculos.

Como sabemos, los animales, a medida que evolucionan, van adquiriendo adaptaciones que les permiten vivir cada vez con mayores probabilidades de supervivencia en el nicho ecológico al que la evolución conjunta de los seres vivos, poco a poco, les conduce a ocupar a cada uno. Así, de un ancestro común han ido divergiendo y generándose las distintas especies de animales marinos. Unas se han adaptado para poder nadar libremente en los océanos, mientras otras han sido obligadas a adaptarse a los fondos marinos. Es el caso del pulpo, que, aunque puede nadar cortas distancias, prefiere desplazarse por el fondo del mar moviendo sus tentáculos.

El pulpo es uno de los animales invertebrados más inteligentes. Posee un amplio sistema nervioso, gran parte del cual está distribuido por sus ocho tentáculos. Cada uno de estos posee un nervio central que se ramifica hacia las ventosas, cada una de las cuales posee un ganglio nervioso dedicado a su control. Por supuesto, el sistema nervioso controla y posibilita, al mismo tiempo, el comportamiento de este animal. Este se caracteriza sobre todo por una intensa y voraz búsqueda de alimento. Los tentáculos permiten al pulpo explorar su medio ambiente de una forma inaccesible para animales que carecen de ellos. Esto les confiere una importante ventaja para obtener alimento en el nicho que ocupan.

De hecho, las ventosas de los tentáculos proporcionan al pulpo mucho más que un medio de locomoción y de captura de sus presas. Es conocido que las ventosas, además del sentido del tacto, poseen también la capacidad de "saborear" lo que el pulpo palpa. Sin duda, más de uno querría tener esta capacidad en la punta de los dedos, o en la palma de las manos. Darnos la mano, ese comportamiento que la pandemia ha relegado quizá para siempre, nos proporcionaría información sobre "a qué sabe" el otro. Sería interesante, ¿verdad?

Pero volvamos a los ganglios nerviosos de cada una de las ventosas de los tentáculos del pulpo. Estos ganglios funcionan como una especie de pequeño cerebro dedicado al control autónomo de cada ventosa. Los ganglios procesan información que les es comunicada desde la superficie de la ventosa, de acuerdo con lo que esta pueda estar tocando en cada momento.

DOS FUNCIONES

Desde hace mucho tiempo es conocido que los bordes de las ventosas poseen células receptoras similares a las de otros animales. Estas células deben poseer moléculas detectoras que captan información tanto de las propiedades mecánicas de las superficies, como de su composición química.

Esto último es interesante, porque la composición química de las sustancias olorosas es diferente en el agua que en el aire. La idea más aceptada es que los animales acuáticos detectan sustancias solubles en agua que son arrastradas por las corrientes. Los animales terrestres, en cambio, detectan sustancias volátiles, poco solubles en agua, capaces de ser transportadas por el aire. Esta diferencia de propiedades químicas obligó a los animales que se adaptaron desde la vida marina a la vida terrestre a adaptar también su sentido del olfato para pasar de detectar principalmente sustancias solubles a detectar sustancias que no se disuelven en agua.

Sin embargo, esta idea no parece ser totalmente cierta, ya que algunos animales marinos sí son capaces de detectar sustancias que no se disuelven en agua y que, por esa razón, se encuentran adheridas a las superficies de los océanos y mares. Por ejemplo, los moluscos producen una serie de sustancias insolubles, de naturaleza aceitosa, llamadas terpenoides, que se dispersarían por las superficies en lugar de ser arrastrados por el agua. Los terpenoides son una de las clases de moléculas orgánicas más abundantes de la naturaleza y son producidos por muchos animales como medio de defensa, ya que muchos de ellos son tóxicos.

Investigadores de la Universidad de Harvard, en EE. UU., deciden estudiar con detalle las células detectoras situadas en los bordes de las ventosas de una especie de pulpo con el curioso nombre de pulpo de California de las dos manchas (*Octopus bimaculoides*). Este animal reacciona de manera diferente según la superficie que se le presenta para explorar contenga terpenoides adheridos a ella o no.

Los investigadores encuentran que, como era de esperar, las células receptoras de las ventosas poseen moléculas en su superficie capaces de detectar terpenoides y sustancias relacionadas, lo que sugiere que el animal puede evitar capturar presas que resulten tóxicas. Sin embargo, en sus estudios, encuentran también que esas mismas moléculas en la superficie de las células son igualmente capaces de captar, al mismo tiempo, información sobre las propiedades mecánicas de las superficies a las que las ventosas se adhieren. Estas moléculas receptoras captan tanto información táctil como información olfativa o gustativa.

Este tipo de moléculas doblemente receptoras no había sido identificado antes en ningún otro animal, por lo que este descubrimiento es importante. Este permite ahora plantear otras interesantes cuestiones, entre ellas si sepias y calamares, animales con tentáculos, pero capaces de flotar y nadar, cuentan también con estas moléculas receptoras dobles o si, por el contrario, estas suponen una adaptación particular del pulpo, debido a su modo de vida. Interesantes preguntas cuya respuesta probablemente añadirá interesante conocimiento para avanzar en la comprensión de los mecanismos de la evolución de las especies, incluida la nuestra.

Referencia: van Giesen et al., Molecular Basis of Chemotactile Sensation in Octopus, *Cell* (2020), https://doi.org/10.1016/j.cell.2020.09.008

Jorge Laborda, 8 de noviembre de 2020

Anticuerpos y vacunas: la fuerza de la memoria

Estaréis de acuerdo conmigo en que antes de la pandemia de COVID-19 muy pocos se preocupaban lo más mínimo por si tenían o no anticuerpos protectores contra uno u otro microorganismo. Mucho menos se preocupaban por conocer cómo se producen estas maravillosas moléculas que silenciosa y lealmente cumplen su función defensora a cada minuto de nuestras vidas.

He creído oportuno visitar brevemente este aspecto de nuestro sistema inmunitario que tanta importancia tiene a la hora de conseguir vacunas eficaces. El mundo ha reaccionado con euforia a la noticia de que una vacuna contra la COVID-19 está a las puertas. ¿Será tan eficaz como afirman? ¿Nos protegerá por mucho tiempo? Y bien, todo esto dependerá de la cantidad y calidad de los linfocitos memoria productores de anticuerpos que la vacuna logre generar en cada uno.

Recordemos que los linfocitos productores de anticuerpos se denominan linfocitos B. Tenemos miles de millones de ellos, cada uno sutilmente diferente de los demás. La sutil diferencia reside en que cada uno posee una molécula de anticuerpo concreta en su superficie, aunque esta todavía no es producida en grandes cantidades para su secreción a la sangre.

Cada molécula de anticuerpo de cada linfocito B posee una zona externa diferente, con una forma y unas propiedades químicas concretas. Esta forma y propiedades le posibilitan unirse con más o menos fuerza a una parte precisa de la superficie de alguna molécula desconocida, normalmente presente en uno u otro microrganismo.

Cada molécula de un microrganismo, por ejemplo, de un virus, también posee una forma y unas propiedades químicas concretas en distintas regiones de su superficie. Si estas formas y propiedades encajan en el anticuerpo de la superficie de un linfocito B, este, al detectar gracias a este acoplamiento al ahora ya llamado antígeno, se activa. La activación permite que el linfocito se reproduzca y genere miles y miles de linfocitos idénticos, derivados del original que detectó al antígeno.

A partir de aquí, suceden dos cosas. Bien el linfocito activado se convierte en un linfocito B memoria, bien se convierte en una célula productora de elevadas cantidades de anticuerpos. Estos anticuerpos se unirán a la molécula del virus e impedirán que esta se una a otras del organismo, bloqueando la infectividad del virus.

Los linfocitos B memoria no producen grandes cantidades de anticuerpo, pero están preparados para convertirse con mucha mayor rapidez en linfocitos productores de anticuerpos si se encuentran de nuevo con el antígeno por segunda o más veces. Los linfocitos B memoria son los que deben ser producidos preferentemente en las vacunas. Estas no necesitan, en general, de la producción inicial de elevadas cantidades de anticuerpos, puesto que las vacunas están formadas, salvo excepciones, por antígenos inertes, incapaces de infectar. Los anticuerpos no son por tanto necesarios para luchar contra ellos. Sí es importante, en cambio, que las vacunas produzcan muchos linfocitos B memoria.

¿De qué depende que se generen uno u otro tipo de linfocitos de manera preferente?

Hacia mejores vacunas

Los estudios realizados hasta la fecha apuntaban hacia la posibilidad de que el destino de los linfocitos B dependía de la fuerza con la que se unían a su antígeno, pero esto no se sabía con seguridad. Ahora, este hecho ha sido confirmado en una serie de experimentos realizados por un grupo de investigadores de la Universidad de Rockefeller, en Nueva York.

En estos estudios, los investigadores emplean sofisticadas técnicas de biología molecular para seguir la evolución de los linfocitos B desde el momento en que estos detectan, gracias a los anticuerpos de su superficie, un antígeno que los activa. Los científicos son capaces de averiguar el destino final de los cientos de linfocitos B diferentes que se han unido con sus anticuerpos a distintas partes de la superficie del mismo antígeno.

Los investigadores encuentran que los linfocitos B que más fuertemente se unen al antígeno se convierten en células productoras de anticuerpos. Por el contrario, los linfocitos B que se unen con menor fuerza a la zona del antígeno que detectan acaban convirtiéndose predominantemente en células B memoria. No obstante, un pequeño número de estas sí se une aún con elevada fuerza al antígeno. Estas serán las que primero se activarán en un segundo encuentro con él.

Esto tiene mucho sentido para montar una defensa eficaz contra los microorganismos. Los linfocitos B que detectan con mayor fuerza a su antígeno deben ser los destinados inmediatamente a producir anticuerpos en un primer encuentro con un microrganismo, porque es necesario neutralizarlo cuanto antes. Los linfocitos que se unen con menor fuerza pueden ser, no obstante, útiles en encuentros subsiguientes con ese microorganismo una vez superada la primera infección.

Esto es así por dos razones. La primera es que los linfocitos B activados cuentan con impresionantes mecanismos moleculares capaces de producir variantes de los anticuerpos iniciales. Estas variantes pueden poseer mayor fuerza de unión a su antígeno. Por ello, en un segundo encuentro con el antígeno, las células memoria, aunque inicialmente no eran las que se unían con mayor eficacia al microrganismo, pueden sufrir una rápida transformación que las convierte en células muy eficaces y que producirán también anticuerpos muy potentes contra el microrganismo que detectan.

La segunda razón es que las células memoria que se unen con poca fuerza a un microrganismo inicial pueden, sin embargo, unirse con mucha fuerza a un mutante de ese microrganismo con el que podamos encontrarnos más adelante. Así, las células memoria, todas juntas, se adelantarían de alguna forma a las posibles mutaciones de los microrganismos y estarían preparadas para hacer frente al original y a los mutantes de este que se puedan haber producido tras un primer encuentro con él.

Lo anterior tiene importantes implicaciones para el diseño de vacunas. Estas, además de antígenos que se unan con fuerza a los linfocitos B, deberían contener también antígenos que no se unan con elevada fuerza a ellos para que estos se conviertan principalmente en células memoria que luego, cuando se encuentren con el microrganismo o un mutante de este, puedan convertirse en células eficaces productoras de anticuerpos. Inexorablemente, el conocimiento nos va armando mejor para luchar contra los organismos infecciosos.

Referencia: Viant et al., Antibody Affinity Shapes the Choice between Memory and Germinal Center B Cell Fates. *Cell* (2020), https://doi.org/10.1016/j.cell.2020.09.063

Jorge Laborda, 15 de noviembre de 2020.

LA GENÓMICA SE HACE CÓSMICA

Una de las teorías más importantes de la ciencia es, sin duda, la teoría de la evolución de las especies. Analizando la historia, se hace difícil, al menos se me hace difícil a mí, comprender por qué esa teoría tardó miles de años en ser propuesta desde el nacimiento de las primeras civilizaciones, cuando ya algunas conocían el número pi, que la tierra es esférica, postularon la existencia del átomo, y descubrieron tantas otras cosas que se han revelado pilares fundamentales de la ciencia y las humanidades.

No tengo la respuesta a por qué la teoría de la evolución tardó tanto en ser propuesta, pero una posible causa bien pueda ser una limitada capacidad de observación de la fauna durante siglos. Sin ir más lejos, salvo la mona de Gibraltar, no hay primates en Europa, cuya observación tal vez hubiera inducido en algún genial pensador anterior a Darwin la idea de que humanos y primates procedemos de un ancestro común. En otras palabras, quizá el limitado número de especies animales presentes en el ámbito geográfico de las primeras civilizaciones impidiera que estas descubrieran la hoy evidente conexión entre todas ellas.

La anterior digresión tiene el propósito de insistir en la idea de que, sin observaciones adecuadas sobre un número suficiente de especies vivas, extraer conclusiones sobre su relación es imposible. Probablemente por ello hubo que esperar al descubrimiento de más y más especies animales en todos los continentes, al inicio de grandes exploraciones y viajes, y a que un genio como Charles Darwin se embarcara en uno de esos viajes, para que la evolución de las especies pudiera comenzar a ser considerada por la ciencia. La evolución, que ha dejado de ser una teoría para pasar a ser un hecho científico que cuenta con aplastantes evidencias, sigue enfrentando, aún hoy, fuertes reticencias procedentes del mundo de la religión. Hay que confesar que este lo explica todo de manera mucho más sencilla y emocionalmente satisfactoria que la ciencia.

La teoría de la evolución recibió un enorme espaldarazo cuando se pudo acceder a la secuencia de las "letras" del ADN de diversas especies. Al comparar las secuencias de diversos genes, se pudo comprobar que las especies estaban no ya anatómica o fisiológicamente relacionadas en mayor o menor grado, sino también genética y molecularmente relacionadas. La comparación entre secuencias de ADN permitió establecer que ratones y seres humanos son genéticamente similares en un 80%, mientras que el chimpancé y el ser humano guardan una similitud de alrededor del 98,5%.

A finales del siglo XX, fue posible obtener no ya la secuencia de genes concretos, sino la secuencia de genomas completos. El primer genoma de un animal complejo en secuenciarse fue, como sabemos, el del ser humano. El esfuerzo puesto en esta hazaña, que tardó más de diez años en completarse, espoleó el desarrollo de tecnologías de secuenciación de ADN de nueva generación. Estas tecnologías permiten hoy obtener la secuencia completa del genoma humano a partir de unas pocas células en menos de dos días. Este es el nivel de desarrollo tecnológico para obtener información genómica que se ha experimentado en las dos últimas décadas.

Una enormidad de datos

Como es de esperar, este enorme aumento en la capacidad tecnológica ha posibilitado la secuenciación de los genomas de cientos de especies de animales y plantas. Se hace así posible también, si podemos comparar estos genomas, identificar qué regiones de ADN son las más conservadas durante la evolución, es decir, no han cambiado mucho durante esta, y qué secuencias sí lo han hecho.

Las secuencias conservadas entre las distintas especies animales corresponden a genes que deben ser esenciales para todas ellas, ya que no han cambiado sustancialmente en centenas de millones de años. Sin embargo, las secuencias que sí han cambiado, que han mutado, serían las que no son esenciales para todas las especies, aunque sí pueden serlo para especies concretas. Estas regiones pueden ser también las que confieran características particulares a cada especie que permiten su adaptación al nicho ecológico en el que viven.

El problema con la comparación de genomas completos es que estos constan de miles de millones de "letras" cada uno. El nuestro posee alrededor de tres mil millones, y hay genomas mucho mayores aún. Obviamente, la comparación entre semejantes números de "letras" en cientos de genomas al mismo tiempo es una tarea gigantesca. Sin embargo, es lo que permitiría identificar con seguridad las secuencias de "letras" más conservadas y, por tanto, esenciales.

Hasta ahora, la comparación por medios informáticos de tan ingente cantidad de información genómica era imposible. Esto ha cambiado gracias al desarrollo de un nuevo método de comparación de genomas por un grupo de investigadores de la Universidad de California. Este nuevo método es capaz de alinear, es decir, de colocar una encima de otra, las secuencias similares sin necesitar para ello una secuencia de referencia, que hasta el momento era la del genoma humano. La necesidad de esta secuencia de referencia implicaba que podíamos determinar con precisión la relación genética entre el gato y el ser humano, o entre el ratón y el ser humano, pero no podíamos sacar conclusiones fiables sobre la similitud o diferencias entre los genomas de gato y ratón. El nuevo método soslaya esta dificultad y permite encontrar relaciones fiables entre los genomas de cientos de especies distintas al mismo tiempo.

Los investigadores han publicado, nada menos que en tres artículos aparecidos en la revista *Nature*, este nuevo método de análisis y los resultados del alineamiento de más de seiscientos genomas de especies de animales vertebrados, que incluyen aves y mamíferos. Se trata de un avance importante de la genómica comparativa. El análisis de esta cósmica cantidad de datos permitirá identificar los genes más importantes y esenciales, muchos de los cuales pueden estar involucrados en enfermedades genéticas. Este conocimiento podrá ayudar a mejorar su prevención y su tratamiento.

Referencias:
(1) https://doi.org/10.1038/s41586-020-2871-y
(2) https://doi.org/10.1038/s41586-020-2876-6
(3) https://doi.org/10.1038/s41586-020-2873-9

Jorge Laborda, 22 de noviembre de 2020

NEURONAS DE VALOR ECONÓMICO

Diré una perogrullada para muchos, pero es indiscutible que la toma de decisiones, un proceso que hacemos muchas veces al día, es imposible sin el cerebro. Si aún lo dudas, intenta tomar decisiones sin él. ¿Cómo? ¿Que algunos dirigentes sí pueden hacerlo? Eso es otra cuestión, merecedora de un largo debate en otros foros. En el mundo real, sin cerebro no es posible tomar decisiones de ningún tipo. De hecho, sin ciertas de sus neuronas, no podríamos tomar decisiones de índole económica, de esas que tan a menudo toman los dirigentes.

Ya en el siglo XVIII, los economistas Daniel Bernoulli, Adam Smith y Jeremy Bentham postularon que las decisiones económicas dependen de la computación por parte del cerebro de los valores subjetivos que atribuimos a las cosas. Estos valores se adquieren, en primer lugar, con las experiencias cotidianas, y se codifican y almacenan en alguna parte del cerebro. Al enfrentarnos de nuevo a los mismos estímulos, la codificación de los valores atribuidos a ellos con anterioridad permite su comparación y que podamos decidir, por ejemplo, si preferimos las naranjas a las manzanas, o viceversa.

Esta hipótesis es tenida por cierta, pero hasta ahora no ha podido ser probada científicamente. Probar esta hipótesis de manera científica suponía identificar las neuronas que son responsables del almacenamiento y computación de los valores atribuidos a las cosas y su manipulación de alguna forma. Si esta manipulación conduce a un cambio en las preferencias establecidas, quedaría probada la relación causal entre la actividad de esas neuronas y la toma de decisiones en un sentido u otro. Esto constituiría una prueba científica de la relación causa-efecto.

Hasta el momento, esto no se había conseguido. Solo se ha podido comprobar que determinadas regiones del cerebro parecen ser las principalmente involucradas en la toma de decisiones de índole económica, es decir, decisiones que no involucran tanto a las emociones personales como a lo que estimamos más valioso desde el punto de vista material.

Los estudios anteriores indican que las neuronas involucradas en las decisiones económicas deben localizarse en la región del cerebro que se sitúa justo encima de los ojos. En esa región debería haber neuronas particulares que codifican y almacenan los valores que otorgamos a cosas concretas, como, por ejemplo, el valor otorgado al chocolate o el otorgado al zumo de naranja. Igualmente, las neuronas de esa región almacenarían los valores atribuidos a las cantidades de las diversas cosas que podemos escoger, y que permiten que decidamos si inclinarnos por tomar una pequeña tableta de chocolate o un gran vaso de zumo de naranja, o viceversa. Como ya hemos apuntado, para intentar confirmar que la actividad de esas neuronas es la causante de que tomemos una u otra decisión, sería necesario modificar su actividad de manera artificial y comprobar que eso conduce a un cambio en la toma de decisiones.

MANIPULACIÓN DE LAS DECISIONES

Para intentar dar con esas neuronas, un grupo de investigadores franceses y estadounidenses ha llevado a cabo varios experimentos con una especie de mono macaco (*Macaca mulata*), puesto que no es éticamente posible realizarlos con seres humanos. En estos experimentos, los investigadores implantaron en los animales finísimos electrodos en la región del cerebro situada por encima de los ojos. Los electrodos permitieron registrar la actividad de neuronas particulares cuando se permitía a los monos hacer una elección como, por ejemplo, elegir entre zumo de manzana o zumo de uva. A los monos les gusta mucho el zumo de frutas, aunque no todos los zumos son iguales para ellos y los distintos sabores son clasificados en un ranking particular en el cerebro de cada animal. En este sentido, –como por desgracia en tantos otros–, monos y humanos somos indistinguibles.

Antes de implantar los electrodos, los monos fueron entrenados para elegir con la mirada el tipo de zumo que preferían, tras lo cual el zumo elegido les era administrado. La elección no era siempre fácil para ellos, ya que se les presentaban diferentes cantidades de zumos de distintos sabores. En esas ocasiones, el animal debía decidir si escoger mayor cantidad de peor sabor, o menor cantidad de un sabor más apetecible. Con estos experimentos, los investigadores establecieron el ranking de preferencia de zumos de los animales.

Una vez hecho esto, los electrodos fueron implantados y utilizados para administrar pequeñas corrientes eléctricas a los cerebros de los animales. Estas corrientes podían ser muy leves, lo que afectaría a la actividad de las neuronas sutilmente, o corrientes algo más fuertes. Estas causarían una distorsión más importante en el funcionamiento neuronal y podrían afectar más intensamente a la toma de decisiones.

Las corrientes fueron administradas mientras cada animal debía elegir entre dos cantidades de dos zumos diferentes. Los electrodos podían además estimular diferentes neuronas, cada una de ellas responsable de codificar un valor para cada tipo de zumo. Los investigadores comprobaron que, si ambas neuronas se estimulaban de manera simétrica, las decisiones eran afectadas en menor grado que si eran estimuladas de forma asimétrica, es decir, si una neurona era estimulada más fuertemente que la otra.

En aún otro experimento, a los monos se les presentó primero un tipo de zumo y luego, otro, antes de que pudieran tomar su decisión. Si se estimulaba a las neuronas adecuadas entre la presentación del primer tipo de zumo y el segundo, la toma de decisiones se veía también muy afectada.

Estos experimentos han permitido identificar con precisión en el cerebro de los animales dónde están situadas las neuronas implicadas en la toma de decisiones. Estas neuronas se encuentran también en nuestros cerebros, y son las responsables de que muchas personas con problemas neurológicos tomen decisiones inadecuadas que les resultan perjudiciales. De acuerdo con los autores del estudio, esta región cerebral y sus neuronas participa también en la toma de decisiones de la importancia de qué carrera estudiar o con quien casarse. Comprender mejor los factores que afectan a su funcionamiento, por ejemplo, los nutrientes, drogas o fármacos que puedan afectarlas en mayor grado, puede sin duda resultar de ayuda para evitar equivocarnos y las terribles consecuencias que a veces las equivocaciones acarrean.

Referencia: Ballesta, S., Shi, W., Conen, K.E. et al. Values encoded in orbitofrontal cortex are causally related to economic choices. *Nature* (2020). https://doi.org/10.1038/s41586-020-2880-x

Jorge Laborda 29 de noviembre de 2020

Una epidemia más, esta vez silenciosa

Creo que una idea que la pandemia de COVID-19 está dejando muy clara es que las acciones individuales pueden impactar no solo en nuestra propia salud, sino en la salud de todos. Llevar una vida sana, hacer ejercicio físico y consumir una dieta equilibrada es una decisión personal que no afecta a la salud del vecino. En tiempos de pandemia por un microorganismo infeccioso, sin embargo, las acciones o inacciones de cada uno pueden impactar en la salud de los demás. Y no solo en la salud, sino también en la economía e incluso en un cambio en la manera de pensar y ver el mundo que, sin duda, se está produciendo en muchas personas. Tal vez la idea de que una sociedad formada por personas individualistas en la que el mayor bien social surge de perseguir cada uno su bienestar personal, sin atender a nada más, acabe siendo considerada un mito más en el que nos han hecho creer los que sí pueden conseguir bienestar y riqueza sin necesitar mucho de los demás.

Y bien, la pandemia de coronavirus no es la única causada por las acciones individuales de cada uno. Estas acciones pueden ser lógicas, legales, y justificadas, pero acaban en conjunto generando igualmente otra pandemia. ¿A qué pandemia me refiero? A la causada por partículas y aerosoles provenientes de la polución y también del humo de los cada vez mayores incendios causados, en parte, por el calentamiento global. Definitivamente, los aerosoles y partículas en suspensión se revelan como terribles enemigos invisibles que es necesario controlar.

Numerosos estudios han mostrado que la emisión de partículas en suspensión, que luego respiramos, es la responsable de varios millones de muertes al año. No hay vacuna ni tratamiento para esta epidemia, que año tras año sigue aumentando su negativa incidencia sobre la salud de la humanidad. Las partículas en suspensión constituyen el quinto mayor riesgo de muerte temprana, tras la hipertensión, el tabaquismo, la diabetes y la obesidad.

¿Cuál es la razón de que la materia en suspensión sea tan dañina? La respuesta a esta pregunta aún no es del todo conocida, pero un nuevo estudio realizado por varios grupos de investigación europeos se acerca algo más a la respuesta. En sus estudios encuentran que no es solo la cantidad de partículas emitidas, sino sobre todo las propiedades fisicoquímicas de esas partículas las que más inciden en la salud. No todas las partículas en suspensión son igual de peligrosas.

Estudios anteriores a este ya habían suscitado la sospecha de que el poder oxidativo de las partículas en suspensión podría ser un factor importante para explicar sus efectos perniciosos. El poder oxidativo disminuye la cantidad de antioxidantes en las células expuestas a estas partículas y puede generar oxidación en las moléculas celulares que causan desde una respuesta inflamatoria exacerbada, a cambios en el ADN que podrían conducir al desarrollo de tumores.

TOXICIDAD OXIDATIVA

Los autores del nuevo estudio que mencionaba antes se centraron en conseguir dos objetivos. En primer lugar, identificar qué fuentes en Europa son las mayores emisoras de partículas en suspensión en forma de aerosoles con el mayor poder oxidativo. El segundo objetivo era tratar de identificar si el daño causado por las partículas en suspensión era debido a su poder oxidativo o a otras causas. Estos objetivos eran coherentes con la idea de que los mayores efectos sobre la salud deberían observarse en zonas de elevada emisión de aerosoles con alto poder oxidativo, pero serían menores en zonas de alta emisión de otros tipos de partículas con menor o nulo poder de oxidación. Por supuesto, en las zonas de baja emisión de partículas en suspensión los efectos sobre la salud deberían ser aún menores.

Tras establecer, mediante sofisticados análisis químicos, el poder oxidativo de varios tipos de partículas en suspensión, recolectadas en distintas regiones de Europa, los investigadores expusieron en el laboratorio a células epiteliales humanas de los bronquios a partículas y aerosoles de diferente poder oxidativo. De esta forma, pudieron comprobar que las partículas de mayor poder oxidativo incrementaban la secreción de moléculas con efectos inflamatorios. Estos datos apoyan la idea, aunque no acaban de demostrarla, de que el poder oxidativo de las partículas y aerosoles es tal vez el factor más importante para explicar los perniciosos efectos inflamatorios de estos.

Un estudio complementario realizado por investigadores de la Universidad de Berna, en Suiza, ha demostrado también que células aisladas de pacientes con fibrosis quística son más susceptibles a los efectos de las partículas en suspensión. La fibrosis quística es una enfermedad pulmonar caracterizada por la generación de un moco demasiado espeso, que no protege adecuadamente a las células del epitelio pulmonar.

El análisis del poder oxidativo de la materia en suspensión recogida en distintas zonas de Europa, junto con otros estudios por ordenador que modelan cómo se difunden por el aire, permitió a los investigadores determinar las zonas de Europa con mayor concentración en el aire de partículas de elevado poder oxidante. No fue sorprendente comprobar que estas se sitúan cerca de las ciudades más populosas del continente, y alrededor de zonas de alto nivel de industrialización. Otras zonas podían también mostrar altos niveles de aerosoles y partículas en el aire, pero no con tan elevado poder oxidativo.

Los científicos determinaron que la emisión de partículas en suspensión de alto o bajo poder oxidativo proviene de fuentes diferentes. Las partículas en suspensión poco oxidantes provienen de polvo y de aerosoles inorgánicos, como nitrato de amonio y sulfatos, probablemente procedentes de abonos agrícolas. Las partículas en suspensión oxidantes provienen, sobre todo, de la combustión y de la emisión de metales y partículas desgajadas de los frenos y neumáticos de los vehículos.

Estos datos indican que las poblaciones urbanas no solo están expuestas a una mayor cantidad de partículas en suspensión en el aire que se respira, sino que estas partículas poseen el poder oxidativo más elevado y son, por consiguiente, más dañinas para la salud que las partículas emitidas en zonas rurales.

Estos estudios han revelado las regiones de Europa con mayor riesgo para la salud debido a la emisión de partículas y nos dicen que para mejorarla es necesario reducir las emisiones de partículas de elevado poder oxidativo. En cierta medida, depende de la acción y responsabilidad de cada uno que esto se consiga, sobre todo mediante el uso racional de nuestros vehículos, y su recambio por otros más ecológicos si fuera posible.

Referencia: Kaspar R. Daellenbach et al. (2020) Sources of particulate-matter air pollution and its oxidative potential in Europe. *Nature*. DOI: 10.1038/s41586-020-2902-8. https://www.nature.com/articles/s41586-020-2902-8

Jorge Laborda, 6 de diciembre de 2020

UNA MEDICINA MÁS EXACTA CONTRA EL CÁNCER

La pandemia de COVID-19 nos ha familiarizado más aún con las diferencias que cada individuo muestra en su reacción frente al coronavirus y también frente a otras enfermedades o agresiones del entorno, como el alcohol o las drogas. Estas diferencias eran ya conocidas en el ámbito popular, porque no siempre el tratamiento que le iba bien a la vecina del cuarto le iba bien al vecino del segundo, o a uno mismo. Y es que, ¡ay chica!, la medicina no es una ciencia exacta.

Y bien, estoy en desacuerdo. La medicina no es una ciencia exacta porque no lo sabemos todo. Distamos mucho aún de saberlo. Sin embargo, a media que vamos aprendiendo más y más cosas gracias a la investigación, la exactitud de la ciencia de la medicina se va incrementando. Fenómenos antes incomprensibles dejan de serlo. Tratamientos de los que antes no sabíamos por qué funcionaban aquí, pero no allá, son finalmente esclarecidos; las razones de su diferente comportamiento, comprendidas. No es que la medicina sea inexacta. Lo que la hace inexacta es nuestra ignorancia.

Un ejemplo que apunta a que lo que digo tiene al menos visos de verdad es el descubrimiento del que deseo hoy hablar aquí. Se ha descubierto por qué un mismo fármaco antitumoral es relativamente eficaz para tratar muchos casos de cáncer de pulmón, pero no es eficaz para tratar el cáncer de mama. El descubrimiento va a hacer ahora posible que el fármaco pueda ser empleado con eficacia para tratar este último tipo de cáncer, el más frecuente entre las mujeres.

Para entender la importancia de este descubrimiento y sus implicaciones, es necesario recordar que los tumores se producen debido a la mutación de uno u otro gen implicado en el control de la reproducción celular. En algunos casos, la mutación conduce a

197

la producción de una proteína que participa en la generación de una señal bioquímica estimuladora de un constante crecimiento celular. Los genes cuyas mutaciones conducen a esta situación se denominan oncogenes, palabra con la misma raíz que oncología, la rama de la medicina que estudia los tumores. En muchos casos, estos dependen para su crecimiento de la mutación de un solo oncogén, por lo que se dice que estos tumores son "adictos" al oncogén. Su supervivencia depende del "chute" que este les proporciona.

El fenómeno de la adicción oncogénica hace posible atacar de alguna manera, mediante un fármaco, por ejemplo, a la proteína que produce el oncogén mutado, de modo que esta deje de funcionar. Si esto se consigue, las células tumorales detendrán su crecimiento. No solo eso, en ausencia de un estímulo continuado para crecer, las células tumorales suelen morir mediante el proceso de muerte celular programada, llamado apoptosis. Por consiguiente, impedir el estímulo al crecimiento generado por una proteína oncogénica puede acabar con los tumores adictos a ella.

Algo positivo contra el triple negativo

Sin embargo, los tumores no siempre son adictos a un solo oncogén mutado. Además, una vez comienza el tratamiento farmacológico contra la proteína oncogénica, algunos tumores son capaces de abandonar su adicción y modificar la manera en la que crecen.

Uno de estos tumores es el llamado cáncer de mama triple negativo. Este es el tipo de cáncer de mama más agresivo, precisamente porque ha perdido tres oncogenes a los que inicialmente era adicto, a pesar de lo cual ha encontrado una forma para seguir creciendo. Esta situación hace que este tipo de cáncer de mama solo pueda ser tratado con quimioterapia que ataca y daña al ADN, la cual no resulta siempre eficaz y además causa graves efectos secundarios, entre ellos la inmunosupresión.

¿Cuál es la manera que el cáncer de mama triple negativo emplea para seguir creciendo? La respuesta a esta pregunta no era conocida.

Un potencial sospechoso era el llamado receptor para el factor de crecimiento epidérmico (REGF). Este receptor es una proteína en la membrana de las células que en condiciones normales solo se activa cuando detecta a ese factor de crecimiento en el entorno. Sin embargo, cuando el receptor está mutado o se produce en mayor cantidad de la normal, envía su señal bioquímica para estimular la reproducción celular incluso en ausencia del factor de crecimiento. Esto lo convierte en otro oncogén.

Existe un fármaco (llamado erlotinib) capaz de bloquear la actividad del REGF. Este es eficaz para tratar algunos tipos de cánceres de pulmón, que son adictos al REGF, pero no resulta eficaz para tratar al cáncer de mama triple negativo. Esto parecía indicar que la activación de REGF no era la manera por la que el cáncer de mama triple negativo crecía.

Sin embargo, investigadores de la Universidad de Massachusetts, en EE.UU., no estaban del todo convencidos y decidieron explorar este asunto en profundidad. En sus estudios, publicados en la revista *Science Signaling*, encuentran que no es cierto que el cáncer de mama triple negativo sea insensible al fármaco, sino que los tumores se defienden de su acción poniendo en marcha un mecanismo molecular que previene la muerte de las células por apoptosis en presencia del fármaco. En otras palabras, el cáncer de mama triple negativo es adicto al REGF, pero puede poner en pausa su adicción e impedir la muerte de las células cuando la acción del REGF es temporalmente inhibida con el fármaco. Cuando este es excretado o degradado, las células cancerosas, que solo han dejado de crecer, pero no han muerto, recuperan su capacidad reproductora.

El descubrimiento de este mecanismo de pausado de la adicción oncogénica en el cáncer de mama permite ahora también bloquearlo mediante el empleo de otro fármaco. Con este mecanismo bloqueado, las células cancerosas no pueden poner en pausa su adicción al REGF y el fármaco erlotinib resulta eficaz para matarlas.

Por el momento, estos estudios han sido realizados solo en células en el laboratorio. Es de esperar que pronto terminen los ensayos con animales y, de dar estos los resultados esperados, empiecen las distintas fases de los ensayos clínicos que permitan establecer un protocolo seguro para tratar el cáncer de mama triple negativo con ambos fármacos al mismo tiempo. Posiblemente, esto conducirá a la curación de la mayoría de estos tipos de tumores, hoy por hoy tan peligrosos.

Referencia: Cruz-Gordillo et al., Sci. Signal. 13, eabb9820 (2020) 17 November 2020.

Jorge Laborda, 13 de diciembre de 2020

EL MISTERIOSO GEN QUE CAUSA CÁNCER O DEGENERACIÓN NEURONAL

Estoy convencido de que las células que forman parte de nuestros cuerpos son una de las nanomáquinas más complejas de todo el universo. Están formadas por miles de piezas que deben encajar unas con otras para formar sistemas dinámicos encargados de las diferentes funciones necesarias para su actividad. Uno de esos sistemas se ocupa de generar la energía necesaria a partir de materiales captados desde el exterior. Otro, se encarga de las imprescindibles relaciones, siempre de tipo molecular, con otras células. Aún otro es el dedicado a usar la información almacenada en el ADN para generar nuevas piezas cuando las viejas fallan. Mencionaré para terminar otro sistema más: el encargado de conducir el proceso de reproducción de la célula. Fallos en cualesquiera de las piezas que forman todos estos sistemas pueden hacer que la célula caiga enferma.

Una sola célula enferma no supone un grave problema, pero en ocasiones puede conducir a hacer enfermar a todo el organismo, e incluso a causarle la muerte. Un ejemplo de esto lo tenemos en el cáncer. Basta con que una sola célula enferme de modo que su sistema de control de la reproducción falle, convirtiéndose en tumoral, para que la posibilidad de que un tumor mate a todo el organismo se materialice.

Sabemos que el cáncer es normalmente causado por mutaciones en genes que, en efecto, controlan de una manera u otra la división celular. Tenemos así oncogenes, que cuando mutan aceleran la división celular, y genes supresores de tumores que, si mutan, son incapaces de frenar el proceso de la división celular cuando es necesario, por lo que esta continúa sin freno, obviamente.

Pero además de los genes que controlan la reproducción celular, aún tenemos al menos otro tipo de genes que, cuando mutan,

201

pueden también causar un cáncer. Esta clase de genes están involucrados en la producción de proteínas que gestionan el almacenamiento y funcionamiento del ADN en los cromosomas.

Recordemos que el ADN de nuestras células mide cerca de dos metros de longitud. Frente a esta enorme longitud comparada con la longitud total de la célula, la anchura de la molécula de ADN es de solo dos nanómetros, es decir, dos milmillonésimas de metro. Esto significa que, si estas dimensiones se traspasaran a una autopista de veinte metros de anchura, su longitud sería de veinte millones de kilómetros, una distancia propia del ámbito de la astronomía.

Para que el ADN quepa no ya en la célula, sino en el interior del núcleo celular, debe estar muy bien enrollado alrededor de proteínas dedicadas a esta función. Las más importantes entre ellas son las llamadas histonas, que forman núcleos alrededor de los cuales el ADN se enrolla, formando los llamados nucleosomas. Los cromosomas están formados así por miles de nucleosomas, que a su vez se enrollan aún más entre ellos.

Dime cuándo

El ADN no está siempre enrollado en cada momento y debe desenrollarse aquí y allá para permitir el funcionamiento de los genes. Mutaciones en algunas de las histonas afectan a la dinámica de enrollamiento y desenrollamiento y, por tanto, al funcionamiento de múltiples genes. Por esta razón, algunas de las mutaciones de las histonas causan también cáncer. Una de estas histonas es la llamada H3.3.

Cuando se han analizado las mutaciones del gen de esta histona presentes en algunos tipos de cánceres se ha podido comprobar que, como es de esperar, las mutaciones se han producido solo en las células cancerosas, pero no se encuentran presentes en el resto de las células del organismo. En otras palabras, las mutaciones en el gen de la histona H3.3 no han sido heredadas, lo que implicaría su presencia en todas y cada una de las células del cuerpo. Las mutaciones surgen en solo unas pocas células, algunas de las cuales pueden acabar convirtiéndose en tumorales.

Sin embargo, es también posible la existencia de mutaciones en el gen de la histona H3.3 que se han producido en el espermatozoide o en el óvulo que originó el organismo y que, por consiguiente, se encuentran en todas las células de este. Estas mutaciones no son propiamente heredadas, ya que ninguno de los padres las poseía. Son, como las mutaciones del gen H3.3 de otras células del cuerpo, mutaciones nuevas que, sin embargo, se comportan como mutaciones heredadas al haberse producido en óvulos o espermatozoides, de los que derivan todas las células del organismo. Este tipo de mutaciones en el gen de la histona H3.3, sin embargo, no había sido detectado hasta la fecha.

Ahora, un grupo internacional de más de 150 investigadores ha identificado y estudiado a 46 pacientes que poseen mutaciones en una de las dos copias del gen H3.3 en todas las células del organismo. Estos pacientes sufren de un síndrome caracterizado por retraso en el desarrollo, degeneración neuronal, epilepsia y deformidades faciales, que incluyen anomalías en el cráneo.

Los científicos identifican 37 mutaciones únicas, resultantes de un cambio en alguna de las "letras" del ADN del gen de la histona H3.3. Las mutaciones son analizadas mediante técnicas informáticas para identificar cómo cada una de estas mutaciones afecta a la unión de la histona al ADN. A pesar de que todas las mutaciones son diferentes y causan anomalías moleculares distintas en la unión al ADN, todas ellas causan similares anomalías en el organismo. Sorprendentemente, ninguna de estas personas ha desarrollado cáncer. Se desconoce la razón de esta importante diferencia con las mutaciones ocurridas en otras células el organismo.

Queda mucho que estudiar para comprender en profundidad lo que sucede con las mutaciones del gen H3.3, y cómo paliar el síndrome que generan cuando se encuentran en todo el organismo. Sea como sea, estos estudios nos revelan la complejidad de los efectos de idénticas o muy similares mutaciones en el gen H3.3 de acuerdo con la etapa de la vida en la que se producen. Comprender los procesos de la enfermedad nunca es simple, pero en algunos casos resulta tremendamente complicado.

Referencia: Laura Bryant, et al (2020). Histone H3.3 beyond cancer: Germline mutations in Histone 3 Family 3A and 3B cause a previously unidentified neurodegenerative disorder in 46 patients. *Sci. Adv.* 2020; 6: eabc9207. 2 December 2020.

Jorge Laborda, 20 de diciembre de 2020

Maravillas celulares y deseos para 2021

En ocasiones he imaginado qué tres deseos le pediría a un genio de esos de la lámpara si alguna vez me encontrara con uno. La iluminación LED ha hecho prácticamente imposible encontrarse hoy con lámparas de aceite que tengan un genio dentro. No obstante, si a pesar de las dificultades impuestas por la tecnología moderna me encuentro con un genio, o genia, he pensado que finalmente le pediría los siguientes deseos. El primero, comprender todo el universo, absolutamente todo lo que en él sucede. El segundo, poder hacer viajes a voluntad al interior de uno de los sitios más fascinantes de ese universo, la célula, y poder contemplar en tiempo real, tan de cerca como quisiera y tantas veces como deseara, los maravillosos mecanismos moleculares que hacen posible la vida. El tercero, que me concediera la sabiduría y capacidad para poder contar y explicar a los demás de modo que también lo entiendan todo lo que ahora he visto y comprendo, y nunca nos aburramos ni explicándolo, ni comprendiéndolo.

La digresión anterior viene a colación porque he estado intentado imaginar, tras leer sobre ellos, los mecanismos de control que operan para arreglar el proceso de síntesis de proteínas en el interior de la célula cuando este proceso falla, y me gustaría poder verlos en acción de cerca, lo que es imposible sin la ayuda de un genio. No obstante, vamos a esforzarnos en hacer una visita imaginaria a las moléculas del interior de la célula responsables de este mecanismo.

Como sabemos, la síntesis de proteínas la llevan a cabo unas maravillosas máquinas moleculares llamadas ribosomas. Estos se unen al extremo de una hebra de ARN mensajero (ARNm), producida a partir de uno u otro gen, y van deslizándose por esta hebra leyendo la información que contiene en el orden de sus cuatro "letras". Al mismo tiempo que la leen, van captando las moléculas necesarias para ir uniendo los aminoácidos que formarán una proteína particular de acuerdo con las instrucciones contenidas en el ARNm.

Cuando todo va bien, los ribosomas se deslizan a una considerable velocidad por la hebra del ARNm, a unas 50 "letras" por segundo. Esto se traduce en la unión de entre 16 y 17 aminoácidos cada segundo (cada aminoácido está codificado por tres letras en el ARNm). Además, una vez que un ribosoma ha iniciado su recorrido por la hebra de ARNm, otro ribosoma se une también al extremo de esta hebra y comienza a deslizarse por ella, leyendo igualmente su información. Aún otro ribosoma puede hacer lo mismo detrás de este, y otro y otro. De este modo, varios ribosomas al mismo tiempo van leyendo en fila india la información contenida en una sola hebra de ARNm y produciendo muchas moléculas de la proteína correspondiente.

Si todo va bien, los ribosomas van abandonando la hebra de ARNm por su otro extremo. Sin embargo, no siempre todo va bien. Varios problemas pueden hacer que los ribosomas se encallen en uno u otro sitio de la hebra. Por ejemplo, puede suceder que el aminoácido necesario para incorporarlo a la proteína en un momento dado no esté disponible. En este caso, el ribosoma no puede proceder con la síntesis de la proteína y su avance sobre la hebra se detiene. También puede ocurrir que la hebra de ARNm se enrede en algún punto, lo que impide igualmente a los ribosomas continuar con la lectura de su información.

Si una de estas cosas sucede, al igual que puede suceder en una carretera cuando el coche que precede a otro frena bruscamente o tiene un percance, pueden producirse colisiones entre los ribosomas. Obviamente, los ribosomas no tienen frenos y el ribosoma que sigue al que se ha visto obligado a detenerse colisiona con este. Los que vienen detrás van colisionando también a medida que alcanzan a los ribosomas que les preceden, detenidos en medio de la hebra. Se produce así un atasco de ribosomas que es necesario aliviar.

Mecanismos antiatasco

Al igual que cuando hay un accidente que dificulta o impide la circulación alguien llama a la policía y vehículos de servicio para retirar los coches accidentados, algo similar sucede cuando el tráfico de ribosomas es impedido. En este caso, retirar los ribosomas encallados es fundamental, porque la hebra de ARN mensajero solo cuenta con un "carril" al que los ribosomas están físicamente unidos y no pueden abandonarlo por sí solos.

Para retirar los ribosomas encallados, es necesario un mecanismo que, en primer lugar, detecte el atasco. Este mecanismo existe, por supuesto, y es capaz de desencadenar una señal molecular que atrae al sitio del atasco a diferentes proteínas.

No solo es importante detectar el atasco, sino también detectar la gravedad de este. Si la célula está experimentando atascos puntuales aquí y allá en diferentes ARNm, la situación no es demasiado grave. En este caso, se pone en marcha el mecanismo llamado de control de calidad de los ribosomas. Este mecanismo conduce a desatascar a los ribosomas por el método de separar las dos unidades que los forman, lo que consigue que se suelten de la hebra de ARNm. A continuación, esta es digerida en sus "letras" correspondientes, que serán utilizadas para la síntesis de nuevas hebras de ARNm. Las dos unidades de los ribosomas se ensamblan de nuevo para formar ribosomas funcionales de modo que la síntesis de proteínas pueda reiniciarse sobre una nueva hebra. Es de esperar que cuando la síntesis se reinicie, el problema que causó el atasco será menor (por ejemplo, la célula contará ya con un suministro adecuado de aminoácidos) o habrá desaparecido.

Además de este mecanismo de control, existe aún otro, más expeditivo, que se denomina respuesta integrada al estrés. Este mecanismo se desencadena solo en situaciones en las que el anterior mecanismo resulta insuficiente porque las células están sufriendo un nivel de estrés molecular intenso que causa atascos de ribosomas generalizados y requiere soluciones drásticas para conseguir la supervivencia.

No era conocida la manera en que la célula decidía poner en marcha uno u otro de los mecanismos, y cuándo poner en marcha el segundo si el primero es incapaz de solventar la situación. Ahora, en una serie de sofisticados experimentos en los que se inducen diferentes niveles de estrés celular mediante el empleo de fármacos y sustancias tóxicas, los científicos son capaces de desvelar un complejo sistema de comunicación molecular que coordina la actividad de ambos sistemas de control. Este nuevo conocimiento puede ser importante para comprender cómo las células tumorales son capaces de sobrevivir a la acción de diferentes fármacos y averiguar maneras de bloquear estos mecanismos de supervivencia para luchar contra ellas.

Me despido de vosotros por un tiempo, queridos lectores, convencido de que es seguro que la ciencia hará mejor y más prospero el año 2021 y todos los que le seguirán. ¡Feliz 2021!

Referencia: Yan and Zaher, Ribosome quality control antagonizes the activation of the integrated stress response on colliding ribosomes, *Molecular Cell* (2020). https://doi.org/10.1016/j.molcel.2020.11.033

Jorge Laborda, 27 de diciembre de 2020.

FIN DE QUILO DE CIENCIA VOLUMEN XIII (2020)

www.ingramcontent.com/pod-product-compliance
Lightning Source LLC
Chambersburg PA
CBHW070328220526
45467CB00001B/79